FRUSTRATION

LE MAGAZINE DE LA GUERRE DES CLASSES

LES
LIENS QUI
LIBÈRENT

Comité de rédaction
Rob Grams
Farton Bink
Nicolas Framont
Guillaume Etiévant
Thibaut Izard

Ont contribué à ce numéro
Clément Sénéchal
Léa Hamadi
Camille Lizop
Juliette Collet
Maxime Devars

Graphisme, illustrations et iconographie
Quentin Poilvet (@q_u_a_d_r_a_t_i_n)

Illustrations de couverture
Laurie-Anne Poquet

Magazine coédité avec Les Liens qui libèrent.

Crédits photos : Afif-ramdhasuma, Barthelemy de Mazenod, Cristi Ursea, Desola Lanre-Ologun, Dylan Hunter, Engin Akyurt, Ev, Ian Battaglia, Jakayla Toney, Jeffrey F. Lin, Jeremy Lapak, Jesse Orrico, Joel Muniz, Joppe Spaa, Karollyne Videira, Kelly Sikkema, Kilyan Sockalingum, Krisjanis, Mael Balland, Markus Spiske, Maxim Hopman, Merch Husey, Mert Guller, Michael Fallon, Oxana Melis, Quino Al, Rachel Gglz, Rene Ranisch, Resilience CBD, Sam Mcghee, Stéphanie Leblanc, Tyler Lagalo, Wesley Tingey sur **Unsplash**

Pour échanger ou proposer vos témoignages, contributions, idées :
redaction@frustrationmagazine.fr

Frustration magazine est un média en ligne
et papier, accessible gratuitement ici :
www.frustrationmagazine.fr

Retrouvez-nous sur
Twitter : @Frustration_web
Facebook : Frustration magazine
Instagram : @frustrationmag
Bluesky : @frustrationmag.bsky.social

Frustration la revue, association loi 1901,
Leu dit La Pertuzerie 17350 Saint-Savinien

Éditions Les Liens qui Libèrent,
société SAS au capital de 10 500 €,
25 rue du Docteur Blanchard 30700, Uzès
représentée par Monsieur Henri Trubert
et Madame Sophie Marinopoulos.
www.editionslesliensquiliberent.fr

ÉDITO

Comment tenir ?

PAR ROB GRAMS

Travail salarié qui dure de plus en plus longtemps, de moins en moins bien payé, dans de moins en moins bonnes conditions, chômage, augmentation des loyers et du coût de la vie, destruction de nos acquis sociaux, répression policière dans l'hexagone et dans l'outre-mer, massacres à Gaza et au Liban, arrivée de l'extrême droite au pouvoir dans son versant macro-lepéniste… Il est normal que nous nous sentions parfois fatigués, peut-être même épuisés, face à un système qui s'acharne chaque année à rendre tout irrespirable. C'est pourquoi nous sommes nombreuses et nombreux à nous poser la question qui ouvre ce nouveau numéro papier de *Frustration Magazine* : comment tenir ?

Ce volume que vous tenez entre vos mains se veut à la fois un cri d'alarme et un appel à la solidarité, au combat, à l'entraide, à espérer. Nous ne passerons pas, bien sûr, sous silence ces « bonnes raisons d'être mal » (on ne s'appelle pas *Frustration* pour rien) car nous savons que dévoiler et comprendre les mécanismes qui créent les phénomènes que nous subissons (souffrance psychique, répression politique et sociale, aliénation du quotidien) sont déjà une manière d'y résister un petit peu. C'est déjà prendre conscience, contre le discours dominant, que bien souvent notre mal-être n'est pas notre faute, notre responsabilité individuelle, mais bien le résultat d'un système, ce système que nous n'avons pas peur de nommer : un régime capitaliste, antidémocratique, raciste et patriarcal.

Pour autant, il ne s'agit pas ici de se complaire dans des constats aussi implacables que désespérants. C'est pourquoi nous explorerons des formes de résistance, petites et grandes, mais qui donnent toujours de la force. Vous y découvrirez notamment le témoignage d'Olivier Besancenot, célèbre figure militante qui partage avec nous une vie de combats, mais aussi les luttes des salariés de la restauration, une écologie en rupture avec le prisme bourgeois… Autant de brèches qui nous montrent que d'autres chemins existent que ceux tracés par le pouvoir.

Car il est raisonnable de croire dans des « perspectives heureuses ». Non pas celles d'utopies naïves, mais des propositions concrètes : travailler sans chef, sans actionnaire, réinventer des espaces qui échappent à la domination masculine et marchande, y compris, par exemple, au cinéma et dans le sport. Pour nous y aider, l'historienne Mathilde Larrère, la féministe Rose Lamy, mais aussi d'autres auteurs et autrices comme Johanna Silva, Aurélien Bellanger et Corinne Morel Darleux, nous parlerons des projets et luttes qui les ont récemment enthousiasmés.

Alors comment tenir ? En comprenant les mécanismes mis en place par ceux qui voudraient nous broyer, en luttant ensemble et en imaginant dès maintenant les alternatives concrètes. Ce numéro de *Frustration* est, comme toujours, une invitation à la révolte : nous tiendrons en refusant la résignation, en riant des dominants, mais nous tiendrons surtout par l'action collective et joyeuse.

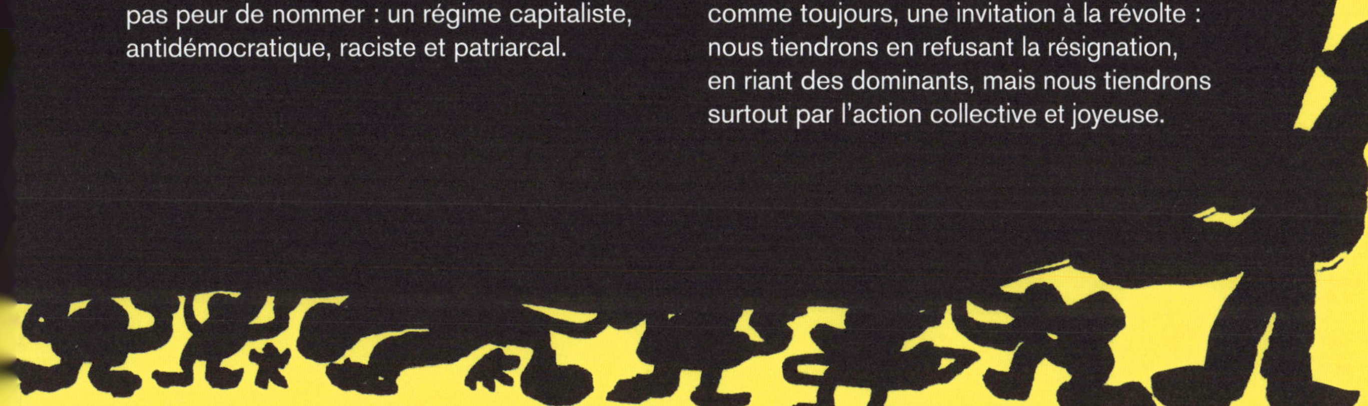

Sommaire

1

De bonnes raisons d'être mal

PSYCHO

POURQUOI LA SOUFFRANCE PSYCHIQUE AUGMENTE ET COMMENT Y FAIRE FACE

PAR NICOLAS FRAMONT

Il y a les indicateurs économiques (PIB, taux de croissance, créations d'entreprises, etc.) et les indicateurs dits sociaux (taux de chômage, taux de pauvreté, etc.) qui permettent de mesurer la prospérité d'un pays. Ces indicateurs sont toujours interprétés de la façon qui arrange le plus nos gouvernants et, selon la classe politique actuelle, la France ne s'en sortirait pas trop mal. Un taux de croissance pas dingue, un taux de chômage qui a baissé grâce aux progrès de la précarité et de la radiation des chômeurs, une pauvreté qui augmente, mais les bourgeois s'en foutent… Et puis il y a des indicateurs moins grandiloquents, ceux que l'on observe autour de nous et qui nous donnent une idée du pays dans lequel nous vivons : les gens en pleurs dans les transports en commun, ceux qui parlent tout seul dans la rue, nos amis qui nous disent que « ce soir, ça ne va pas trop » et, plus facile à intégrer dans une sinistre comptabilité nationale, le nombre de celles et ceux qui se suicident, qui décident d'en finir avec leur vie, car elle est devenue trop pénible, trop lourde à porter.

En France, environ 9000 personnes se suicident chaque année, un des taux les plus élevés d'Europe et qui est sous-estimé d'au moins 10 %, selon les autorités compétentes. Dans son baromètre de février 2024 consacré à la santé mentale, l'organisme Santé Publique France observe « une augmentation importante des pensées suicidaires et des tentatives de suicide au cours de la vie chez les 18-24 ans, observée depuis une dizaine d'années ». « Notre étude, ajoute le rapport, confirme la détérioration de la santé mentale des jeunes adultes observée par ailleurs à partir des données de passage aux urgences et d'hospitalisation. » Que vaut un pays dont la jeunesse pense de plus en plus à en finir ? Pourquoi sommes-nous de plus en plus nombreux à vivre ou à connaître des gens qui vivent de la détresse psychique sans pouvoir trouver de solutions pour y remédier ?

LA PAUVRETÉ ET LE CHÔMAGE DÉGRADENT LA SANTÉ MENTALE

Mon ami Yacine* m'a raconté qu'une fois les multiples confinements et couvre-feu de 2020 et 2021 passés, il s'est mis à développer des troubles anxieux. Concrètement, il était en permanence assailli par la peur de l'échec dès qu'il tentait de mener à bien un projet et l'un, en particulier : la préparation d'un concours de la fonction publique. Pour expliquer son état, il m'a décrit l'année qu'il a passée avec sa famille à compter « le moindre centime » pour survivre à la précarité dans laquelle l'épidémie de Covid les avait plongés. De cette hypervigilance a résulté l'installation durable de ce que l'on pourrait qualifier de trouble anxieux généralisé, une pathologie mentale qui provoque une inquiétude excessive dans de nombreux domaines de la vie, des difficultés de concentration et des troubles du sommeil. Nous avons beaucoup parlé de ce dernier problème ensemble car j'ai aussi souffert d'insomnie, en lien avec de l'anxiété, pendant près d'une décennie. Comme avec beaucoup d'amis, nous avons échangé nos « trucs et astuces » pour réussir à dormir, l'arrêt du café étant le plus radical et efficace... pour un temps seulement.

Yacine est loin d'être le seul que les difficultés financières ont plongé durablement dans des difficultés psychologiques. Les personnes qui sont exposées à la pauvreté souffrent davantage de troubles psychiques que le reste de la population : « Les personnes aux revenus les plus bas ont entre 1,5 et 3 fois plus de risques de souffrir de dépression, d'anxiété ou de problèmes de santé mentale communs que les personnes les plus riches » estimait une étude du magazine *Science* en 2020. Le fait de devoir compter en permanence, comme l'a fait Yacine, ou de toujours devoir craindre le lendemain, comme l'expérimente une partie de la population, renforce des dynamiques qui se cristallisent ensuite sous la forme de troubles psychiques. Bref, contrairement au vieil adage, en France, l'argent fait le bonheur, ou du moins la privation engendre plus probablement le malheur.

D'après le ministère du Travail, 24 % des hommes et 26 % des femmes ayant été au chômage signalent au moins un symptôme d'état dépressif ou d'anxiété. Et l'un des groupes les plus exposés à ces pathologies sont les personnes sans domicile. En 2009, une étude[1] établissait « qu'environ un tiers des personnes sans domicile en Île-de-France souffraient de troubles psychiatriques sévères (troubles psychotiques et troubles de l'humeur – dépression et troubles anxieux sévères) » et que « la prévalence des troubles psychotiques y était 10 fois plus importante que dans la population générale ». Parmi les personnes sans domicile, les réfugiés sont particulièrement exposés au stress post-traumatique en raison des violences subies dans leur pays de départ ou au cours de leur voyage.

La situation s'aggrave pour les personnes pauvres et précaires en France : il devient de plus en plus compliqué d'obtenir de l'aide, car cette aide est de plus en plus conditionnée à un parcours administratif complexe dont l'effet désormais très documenté est l'augmentation de l'anxiété. Dans une enquête pour ***Mediapart***[2], Selim Derkaoui, ancien co-rédacteur en chef de ***Frustration***, raconte la détresse croissante des chômeurs et allocataires des minima sociaux. Il montre comment la multiplication des contrôles, chaque année plus nombreux et violents en raison des choix politiques du macronisme, détruisent psychologiquement des milliers de personnes. Pour une conseillère Pôle Emploi (désormais « France Travail ») qui témoigne dans son article, « les gens sont terrorisés, ils pleurent en rendez-vous. C'est une maltraitance institutionnelle hyperviolente et les menaces de suicide sont récurrentes. »

L'EXPLOITATION AU TRAVAIL ACCRUE

Le même processus se retrouve du côté du monde du travail. De façon très documentée désormais, les entreprises françaises et leur management ultra vertical produisent une augmentation rapide et constante de la souffrance psychique. En 2019, deux fois plus de salariés souffraient de troubles mentaux par rapport à 2007, selon une étude réalisée par Santé Publique France[3]. L'injonction à faire davantage avec moins de moyens, à compenser les pertes d'effectifs par de l'intensification du travail, à « s'adapter » et être polyvalent, tout en rendant compte en continu de ses résultats, produit des pathologies psychiques. Le phénomène est connu et il est même pour une part responsable de la baisse inédite de la productivité française, en grande partie parce que l'absentéisme augmente. Selon le gouvernement, les arrêts maladie auraient augmenté de 7,9 % en un an, et de 30 % entre 2012 et 2022, passant de 6,4 millions d'arrêts prescrits en 2012 à 8,8 millions désormais. Les causes sont à chercher du côté de l'augmentation des *burn-out* et des accidents du travail. Mais que font les directions d'entreprise et le gouvernement pour y faire face ?

Les premières multiplient des initiatives d'individualisation de la souffrance au travail. Être mal, ce serait d'abord quelque chose qui se « gère ». Ainsi, on voit se multiplier les formations pour « apprendre à gérer son stress » ou pour « apprendre à s'organiser » face à la

MALADES PSYCHIQUES, DE QUOI PARLE-T-ON ?

La dépression se caractérise par des perturbations de l'humeur. L'humeur dépressive entraîne une vision pessimiste du monde et de soi-même. Elle dure plus de deux semaines et retentit de manière importante sur la vie quotidienne (perte du sommeil, troubles de l'appétit et du désir sexuel, perte des performances intellectuelles, perte d'intérêt pour les activités que l'on aime faire, isolement...). La volonté seule ne permet pas de s'en sortir. C'est pourquoi elle doit être soignée pour ne pas se compliquer ou devenir chronique. Des expériences de vie négatives et une perception pessimiste de son futur ont une influence forte sur la probabilité d'entrer en dépression.

Les troubles anxieux constituent une maladie psychique qui s'exprime sous diverses formes (anxiété généralisée, phobies, trouble panique...). Une personne souffre de troubles anxieux, lorsqu'elle ressent une anxiété qui se répète, s'installe dans la durée, survient sans lien avec un danger ou une menace réelle et crée une souffrance telle qu'elle perturbe durablement sa vie quotidienne.

Le stress post-traumatique survient après un événement traumatique et dure pendant plus d'un mois. Cela se traduit par des reviviscences (l'événement traumatisant est sans cesse revécu) et des cauchemars, des conduites d'évitement des lieux, des personnes, des paroles...évoquant le traumatisme, des conduites perturbées comme une hypervigilance à la menace, des réactions de sursaut exagérées, une impossibilité à se concentrer, des insomnies ainsi qu'une souffrance ou une altération du fonctionnement social, professionnel... Il est important de préciser que ces troubles peuvent s'associer entre eux et se compliquer par des idées suicidaires voire des passages à l'acte.

EST POUR BEAUCOUP DANS LA DÉGRADATION DE NOTRE SANTÉ MENTALE

surcharge de travail. Pourtant, le stress, quand il devient chronique, n'est pas une réponse tenable pour l'organisme. Nous sommes stressés lorsque nous ressentons une inadéquation entre les moyens dont on dispose et les objectifs à accomplir. Le stress, c'est l'organisme qui dit « ouch, ça va être chaud » et qui se met en tension pour parvenir à surmonter l'obstacle. Cela fonctionne un temps seulement, car c'est faire face à une situation difficile ou impossible. Or, nombreux sont les recruteurs qui exigent désormais de leurs candidats une bonne « résistance au stress ». Ce qui est en réalité un aveu : demander une bonne résistance au stress revient à dire à un salarié qu'il ne disposera pas des moyens suffisants pour accomplir ses tâches. Qu'il devra donc puiser de l'énergie exceptionnelle pour réussir à tenir le coup.

EN 2019, 2 X PLUS DE SALARIÉS SOUFFRAIENT DE TROUBLES MENTAUX PAR RAPPORT À 2007, SELON UNE ÉTUDE RÉALISÉE PAR SANTÉ PUBLIQUE FRANCE

Dans le capitalisme contemporain, le stress est perçu comme une vertu. Ou du moins, il y aurait le « bon stress » et le « mauvais stress ». Mais c'est une croyance erronée. Et il suffit de connaître le fonctionnement du stress pour le comprendre. Le stress, également appelé syndrome général d'adaptation, se déroule en trois phases, théorisée par le pionnier des études sur le stress, Hans Seyle. L'alarme : l'organisme se prépare au combat ou à la fuite. Dès sa confrontation à une situation évaluée comme stressante, le corps produit une série de réactions telles que l'augmentation de la température corporelle, l'augmentation de la fréquence cardiaque, pour nous permettre de réagir. Si la situation persiste, l'organisme entre en phase de résistance, et libère des hormones qui augmentent nos besoins en sucre pour faire face aux dépenses énergétiques induites par le stress. Si la situation stressante se prolonge ou s'intensifie, l'organisme entre en phase d'épuisement. Dans cette situation, les capacités de l'organisme sont débordées, il ne s'autorégule plus. L'épuisement advient.

Lorsque les épisodes de stress et de surcharge se multiplient, des pathologies psychiques surviennent. Lorsque l'on se présente chez un médecin en expliquant que l'on est à bout, que l'on pleure sur son lieu de travail ou que l'on ressent, dès le dimanche midi, une anxiété croissante, on peut se voir prescrire un arrêt de travail. Le fait que leur nombre augmente aussi considérablement est un signal qui devrait pousser la société à s'interroger sur les conditions de travail dans ses entreprises, associations et administrations... Mais ce serait ignorer que ceux qui nous gouvernent sont obsédés par les intérêts des patrons et des actionnaires.

LES DÉGÂTS PSYCHIQUES LIÉS AUX VIOLENCES PATRIARCALES

Les violences conjugales font l'objet d'une connaissance plus grande du public, notamment grâce à une meilleure documentation des féminicides. Des femmes meurent sous les coups des hommes et ce phénomène n'est pas le fait de « monstres » mais le plus souvent de « bons pères de famille », pour reprendre le terme employé par Rose Lamy dans son dernier livre. Avec le témoignage de Vanessa Springora au sujet des pratiques pédocriminelles de l'écrivain apprécié du tout Paris Gabriel Matzneff et celui, tout récent, de Judith Godrèche sur le réalisateur encensé par la critique Benoît Jacquot, il devient aussi plus clair que l'emprise patriarcale sur les enfants et sur les femmes produit d'immenses dégâts psychiques. Il faut voir le courage de Judith Godrèche et entendre le son de sa voix pour comprendre à quel point l'emprise et la violence masculine peuvent détruire, ou du moins grandement fragiliser, même des actrices connues et admirées.

Les troubles psychiques liés aux violences patriarcales ne concernent certainement pas qu'une petite minorité de la population. Prenons simplement les victimes d'incestes : selon le rapport de la Commission Indépendante sur l'Inceste et les Violences Sexuelles Faites aux Enfants (CIIVISE), publié en novembre 2023 à l'issue de 3 ans de travaux, être exposé à des violences sexuelles entraîne quasi systématiquement des troubles psychiques durables. « 9 victimes sur 10 (89 %) ont développé des troubles associés au psychotraumatisme ou trouble de stress post-traumatique (TSPT) : conduites à risque, troubles psychiques mais aussi physiques » nous renseigne sa synthèse, consultable en ligne. En outre, « Les violences ont également des conséquences importantes sur la vie affective et sexuelle des victimes : pour un tiers d'entre elles, les violences sexuelles ont un impact négatif sur leur libido (34 %) ; pour un autre tiers des victimes, les violences sexuelles les ont conduites à renoncer à toute forme de vie sexuelle (31 %) ; enfin, les violences sexuelles subies dans l'enfance peuvent atteindre la vie sexuelle par le registre de l'hypersexualité, qui peut se manifester par la multiplication des partenaires voire des expériences à risque (36 %). »

Les conséquences psychiques de l'exposition à la violence du système hétéropatriarcal sont encore largement sous-estimées, et cela entraîne un retard dans la prévention de ces violences, puisque les victimes sont psychologiquement affaiblies. Mais le plus souvent, on leur demande de se taire, d'encaisser leur mal-être et de ne pas faire chier leur monde. C'est ce que l'on peut ressentir par exemple lorsque l'on est gay et qu'après avoir caché pendant des années voire des décennies sa véritable personnalité et ses envies, on doit « faire son *coming out* », s'excuser d'être comme on est et ménager ses proches pour leur éviter de la

89 % DES VICTIMES ONT DÉVELOPPÉ DES TROUBLES ASSOCIÉS AU PSYCHOTRAUMATISME OU TROUBLE DE STRESS POST-TRAUMATIQUE (TSPT) : CONDUITES À RISQUE, TROUBLES PSYCHIQUES MAIS AUSSI PHYSIQUES

TOUCHENT UNE GRANDE PARTIE DE LA POPULATION

peine. Pendant ce temps, tout le monde se fout des probables conséquences psychiques de ces années de honte et la société n'apporte aucune réparation. Pourtant, le taux de suicide des jeunes LGBT est nettement supérieur au reste de la population[4]. Au Canada, le suicide est la première cause de décès[5] des hommes gays et bisexuels.

Pour expliquer ce phénomène, le chercheur états-unien Ilan H. Meyer a théorisé au début des années 2000 le concept de « stress minoritaire » : il affecterait les minorités de genre et d'orientation sexuelle selon deux modalités. D'un côté le stress « distal », lié aux agressions extérieurs et leur anticipation (discriminations, expression de préjugés, violences etc.) et de l'autre un stress « proximal », lié à tout ce qu'une personne peut s'infliger pour survivre dans un monde qui lui est *a priori* hostile : montrer que l'on réussit sa vie, échapper à la solitude, donner tort aux préjugés... Le web regorge en outre d'expressions d'une anxiété liée à la « peur de devenir gay » : des sites douteux de psychologie et les forums de discussion (comme le fameux 18-25 de Jeux Vidéo.com) évoquent ainsi un « TOC homo », qui serait la peur obsessionnelle de ne pas être hétérosexuel. Cette histoire d'hétéropatriarcat emmerde décidément tout le monde...

LES DÉGÂTS PSYCHIQUES DU RACISME

Le stress minoritaire est une notion qui peut pleinement s'appliquer aux personnes victimes de racisme. Le racisme créé une charge mentale particulière, que décrivait la psychiatre franco-tunisienne Fatma Bouvet de la Maisonneuve, sur France Inter le 8 mai 2023, en ces termes : « Le racisme devient une charge mentale quand vous devez sans cesse lutter contre le stéréotype qu'on vous attribue, mais aussi d'une certaine façon quand vous devez y répondre, avec à la clé le développement de certains troubles comme une perte de confiance, des épisodes dépressifs, un sentiment de persécution jusqu'à la tentative de suicide ».

Si de nombreuses études ont démontré l'impact psychologique du racisme, aux États-Unis, sur les personnes afro-américaines, elles se font plus rares dans le cas de la France. Et pourtant, il est d'ores et déjà possible de mesurer les effets du stress minoritaire. Fatma Bouvet de la Maisonneuve accueille ainsi un patient qui lui fait part de son « épuisement à être français, à essayer de devenir français ». Dans un reportage sur France Culture[6], on entend la parole de ces patients malades de tenter à tout prix de s'assimiler, sans que cela ne soit jamais assez. « Je me suis fait la guerre », disent-ils.

En France, on sous-estime aussi considérablement les violences physiques subies par les jeunes racisés lors des interpellations policières, alors pour ce qui est des conséquences psychiques du stress lié aux contrôles incessants et à ces violences, on est très loin d'une prise en compte. Pourtant, le jeune Théo Lukana, victime d'un passage à tabac et d'un viol de la part de policiers en 2017, a subi des séquelles psychologiques durables en plus de terribles séquelles physiques. Il souffre de stress post-traumatique et de dépression. Pourtant, la souffrance psychique des policiers est bien mieux documentée et médiatisée que celles des victimes de leurs actions.

UNE FORTE INÉGALITÉ SOCIALE FACE À L'ACCÈS AU SOIN

Que faire quand on va mal ? Le conseil généralement donné par des proches va être de « voir quelqu'un », formule pudique pour dire un psychologue ou un psychiatre. Une fois que l'on a dit ça, ce conseil peut se traduire de deux façons : ou bien on a les moyens et on prend rendez-vous chez un professionnel libéral, ce qui nécessite un investissement financier coûteux et non remboursé (plusieurs centaines d'euros par mois) ou bien on se tourne vers la psychiatrie publique, via les Centre Médico Psychologiques (CMP) ou les hôpitaux. Or, ces deux structures sont de plus en plus fragiles. La psychiatrie est le parent pauvre de notre système de santé qui est devenu lui-même le parent pauvre de notre société. Autrement dit, il faut désormais attendre des mois voire des années pour avoir le bon diagnostic et le bon traitement, quand il est médicamenteux. Dans son dernier rapport[7], la Cour des Comptes montre que lorsque les patients sont soignés, ils sont très rarement suivis. On rentre chez soi avec son traitement et on nous laisse en plan.

Mon ami Lucas*, atteint d'un trouble autistique et diagnostiqué tardivement, résume bien la situation : « Le parcours pour se faire diagnostiquer est particulier, encore plus pour un adulte qui a réussi à se fondre dans la masse jusque-là. Et, tout simplement, ça coûte CHER. Peut-être que je ne m'y prends pas comme il faut et que j'aurais pu trouver des façons d'être aidé financièrement, mais là, juste pour obtenir un rendez-vous pour aller au centre spécialisé dans l'autisme des adultes à Montpellier, il faut passer par un psychiatre. Donc, le trouver, payer le nombre de séances qu'il jugera pertinent pour faire la lettre de recommandation (ce que je comprends bien-sûr, mais du coup, ça écluse déjà une partie des gens). Et ce n'est que la première étape. Ça veut dire qu'il faut avoir et la force psychologique de se confronter au monde médical pour ce qui est, quand même, une redéfinition assez radicale de la personne qu'on pensait être. Et en plus être capable de financer le parcours. » Le système est très mal fait parce que sa complexité, également dénoncée par la Cour des comptes, est totalement inadaptée à sa cible. Personne n'aime les longues et laborieuses démarches administratives, mais les personnes en souffrance psychique s'en trouvent d'autant plus exclus.

Pour celles et ceux qui ont les moyens d'éviter ces démarches laborieuses, le secteur de la psychiatrie se privatise de plus en plus[8] et comporte désormais un grand nombre de cliniques privées, qui offrent des soins de qualité et un cadre agréable pour des tarifs importants. Tandis qu'il existe désormais en France des déserts psychiatriques, où il n'est plus possible de se faire soigner, notamment parce que la profession subit une pénurie de professionnels de santé.

ON PEUT ATTENDRE 1000 ANS POUR AVOIR LE BON DIAGNOSTIC ET LE BON TRAITEMENT QUAND IL EST MÉDICAMENTEUX

COMMENT AIDER QUELQU'UN QUI VA MAL ?

L'augmentation de la souffrance psychique ne doit pas être un sujet purement médical. Elle a partie liée avec le développement de l'enfant, donc notre modèle familial, et elle est la conséquence, tout au long de notre vie, de la façon dont la société nous éprouve, nous violente ou nous accompagne. Il est faux de dire que les difficultés psychiques touchent tout le monde de la même façon. Selon sa classe sociale, son genre, sa couleur de peau, on est exposé à des difficultés ayant des conséquences psychiques plus ou moins lourdes selon leur intensité.

Ce qui est sûr, c'est que les plus aisés sont mieux pris en charge et que notre système de santé n'est pas à la hauteur pour faire face à l'augmentation de la détresse psychologique à laquelle on assiste depuis plusieurs années. Par conséquent, il ne faut pas attendre des lois qui n'arriveront pas tant que les bourgeois seront au pouvoir. Nous l'avons déjà dit, et nous le redisons ici : il est clair que les dominants nous préfèrent tristes et seuls que joyeux et avec un sentiment de puissance. La dépression arrange les affaires des capitalistes. Un salarié déprimé vaut mieux qu'un travailleur combatif, quand bien même il contribue à la baisse de productivité de notre économie. Pour cela, le patronat et le gouvernement ont un plan : la fin des arrêts maladies et la mise en place du travail forcé pour les allocataires des minima sociaux. Que le taux de suicide augmente les indiffère. Si le macronisme avait peur des morts qu'il engendre, ça se saurait. Ainsi, il ne faut pas attendre pour prendre soin les uns des autres. Mais comment faire ?

Il est sans doute nécessaire d'acquérir quelques bons réflexes, sans se substituer à un professionnel de santé, mais pour pouvoir offrir une aide et une écoute d'urgence :

- Par exemple, savoir que **cela ne sert à rien de proposer de multiples activités à quelqu'un qui souffre de symptômes dépressifs, ni de le culpabiliser.** La dépression est une perturbation de l'humeur que des injonctions ne sauraient à elles seules résoudre. L'effet peut être carrément contre-productif, en générant de la honte et de la culpabilité.

- Cela ne sert **pas à grand-chose de dire à quelqu'un qui souffre de symptômes d'anxiété que ses peurs sont « irrationnelles »** : c'est dans la définition même de cet état que d'anticiper ultra négativement des situations, au-delà du raisonnable. Cela n'aide donc pas franchement..

- On peut proposer **une écoute attentive, active** (en relançant, en questionnant, en faisant preuve d'empathie « je comprends », « c'est difficile ») et tout simplement dire que l'on est là pour l'autre.

D'après @Itoldmytherapist

PUISQUE LA SOUFFRANCE PSYCHIQUE DÉFINIT DE PLUS EN PLUS NOTRE PAYS ET NOTRE CLASSE SOCIALE, IL FAUT RÉFLÉCHIR À ALLER PLUS LOIN : DES CERCLES DE PAROLE SUR LA SOUFFRANCE AU TRAVAIL, SUR L'ANXIÉTÉ ADMINISTRATIVE, DES CERCLES COMMUNAUTAIRES SUR LA SOLITUDE GAY, LE STRESS MINORITAIRE LIÉ AU RACISME ET LA CONDITION DE FEMMES DANS UN SYSTÈME PATRIARCAL.

PRENDRE SOIN COLLECTIVEMENT DE NOTRE SANTÉ MENTALE

Le rétablissement du collectif est une façon efficace de lutter contre la détresse psychique. La compréhension mutuelle et l'empathie en sont d'autres. Pour cela, il faut pouvoir créer ou rejoindre des cercles de gens qui s'épaulent et s'écoutent. Actuellement, cela n'existe pas beaucoup, et pas forcément dans les espaces militants. Dans le monde des partis politiques, l'élection à venir définit toute la dépense d'énergie et on prend rarement le temps de demander « comment ça va ? ». Pire, les partis sont souvent des lieux austères voire hostiles ou des effets de compétition et de concurrence brisent psychologiquement des gens. Le *burn-out* y existe, et pas qu'un peu : on se surcharge de travail, on entretient des rapports difficiles avec des pairs qui peuvent être des rivaux ou des gens avec qui on a des divergences puis on explose.

En créant des structures où la fin prime sur les moyens, les partis, les associations et les syndicats reproduisent le caractère pathogène du monde du travail capitaliste, et reproduisent souvent, par mimétisme, ses logiques les plus malsaines : division du travail (en défaveur des femmes et des minorités), travail sans moyen, hiérarchie et inégalités salariales, brimades et parole dénigrante... Selon une enquête de *Socialter* sur le sujet[9], seules quelques structures, parmi lesquelles Extinction Rébellion, travaillent explicitement à un fonctionnement plus sain, ou le partage de la parole est encouragé. C'est aussi ce que nous essayons de faire à *Frustration magazine* : nous n'hésitons plus à faire part de nos difficultés, de nos humeurs et de nos peurs. Ce qui peut apparaître comme une démonstration de fragilité nous rend plus forts : en ne nous broyant pas dans notre combat, nous espérons le mener plus durement et plus intensément contre nos ennemis.

Pour les groupes (associations, syndicats, partis, collectifs informels...) qui veulent y voir plus clair sur ce sujet, Amnesty International a publié un guide intitulé *« Sauver le monde sans s'effondrer »* (disponible en ligne).

Nous pouvons toutes et tous faire la différence pour les gens qui, autour de nous, souffrent. Que cela soit au travail, dans notre famille, parmi nos amis, sur une appli de rencontre, nous pouvons briser la solitude de quelqu'un et soulager sa peine en le sortant de la honte (de ne pas être assez « fort », assez « résistant au stress », assez capable de « prendre du recul » ou de « lâcher prise »...). Puisque la souffrance psychique définit de plus en plus notre pays et notre classe

sociale, il faut réfléchir à aller plus loin : des cercles de parole sur la souffrance au travail, sur l'anxiété administrative, des cercles communautaires sur la solitude gay, le stress minoritaire lié au racisme, la condition de femmes dans un système patriarcal, et ce, d'abord tourné vers ses membres et leurs proches plutôt que vers des élections, des campagnes et des grandes manifestations. En la matière, les féministes ont une longueur d'avance. Ces dernières années, des autrices féministes (comme Camille Teste, Victoire Tuaillon, Gloria Steinem ou Fatima Ouassak) prônent une nouvelle politique du soin aux autres et à soi-même, ce qui n'a rien de contradictoire et qui a une conséquence : nous rendre plus forts face à ceux qui nous préfèrent à terre. ▪

Reprise et adaptation des articles « Pourquoi la souffrance psychique explose en France », « Comment le patriarcat et le racisme dégradent notre santé mentale » et « Comment prendre collectivement soin de notre santé mentale ? » publiés en février 2024 sur le site web de Frustration.

* Les prénoms ont été modifiés.

1 « Grande précarité et troubles psychiques : comment intervenir auprès des personnes en situation de grande précarité présentant des troubles psychiques », Haute Autorité de Santé, 7 septembre 2021.

2 « "Leur fonctionnement absurde rend fou" : comment Pôle emploi et la CAF malmènent la santé mentale », Selim Derkaoui, *Mediapart*, 23 juin 2023.

3 « La souffrance psychique en lien avec le travail à partir du Programme de surveillance des maladies à caractère professionnel : résultats des enquêtes transversales 2013 à 2019 et évolution depuis 2007 », Bulletin Épidémiologique Hebdomadaire, mars 2024.

4 « Les indicateurs de santé mentale et de santé sexuelle sont [...] particulièrement dégradés dans la population LGBT. En effet, l'observation des indicateurs portant sur la dépression, les pensées suicidaires ou les tentatives de suicides montre des prévalences plus importantes chez les personnes homosexuelles/bisexuelles que chez les personnes hétérosexuelles. » Enquête de l'ARS Auvergne-Rhône-Alpes, 2023.

5 « Le taux de suicide chez les homosexuels augmente. Cet épidémiologiste a trouvé pourquoi », *Huffington Post*, 15 juin 2019.

6 « Je me suis fait la guerre», ou comment être un «bon arabe », France Culture, 3 janvier 2021.

7 « Les parcours dans l'organisation des soins en psychiatrie », rapport de la Cour des comptes, février 2021, consultable en ligne.

8 « Ces grands groupes de santé privés qui comptent bien profiter de l'agonie de l'hôpital psychiatrique public », Rachel Knaebel, *Basta Mag*, 20 novembre 2018.

9 « L'usure de l'engagement. *Burn-out* militant », Alexia Eychenne, *Socialter*, 13 octobre 2020.

Pourquoi la France est une DICTA… BOUR…

Ce sont des remarques que l'on entend régulièrement, à un rythme qui s'accélère : « ça commence vraiment à puer », « on est vraiment en train de basculer vers autre chose », « en marche vers le fascisme ! ». Est-on en train de basculer vers autre chose ? Sous-entendu : autre chose que la démocratie et l'État de droit ? Et vers un régime autoritaire, potentiellement fasciste ?

Il y a de quoi exprimer ce genre de point de vue, en effet. Depuis 2017, le régime macroniste terrorise la population à travers des attaques policières arbitraires, illégales et ultra violentes, arrête au hasard ses opposants politiques (ou juste des quidams et des enfants étrangers dans la rue[1]), s'en prend aux journalistes et les empêche de documenter la répression. En 2018, il avait réprimé férocement, à des fins d'intimidations[2], et arrêté préventivement des milliers de manifestants durant le mouvement des Gilets jaunes[3], montrant déjà son autoritarisme. Sa violence s'est aussi exercée régulièrement à l'encontre de la jeunesse populaire, notamment lors des émeutes de l'été 2023. À cela on peut ajouter la convocation par la police de la candidate du principal parti d'opposition de gauche puis de la présidente de son groupe parlementaire en

TURE EOISE

PAR NICOLAS FRAMONT ET ROB GRAMS

raison de propos tenus sur la colonisation israélienne, la condamnation à un an de prison avec sursis[4] d'un syndicaliste pour « apologie du terrorisme », une tentative d'interdiction d'une manifestation antiraciste[5] (alors que des marches de néonazis sont autorisées[6]), la volonté d'encadrer militairement la jeunesse populaire et la mise en place du travail forcé pour les personnes au chômage.

Le « coup d'État légal » de l'été 2024, où Macron, via une alliance avec le RN, est parvenu à renier le résultat des élections législatives qui avaient placé le Nouveau Front Populaire en tête, marque également un tournant.

Ce type de régime a un nom, un nom que les bourgeois détestent qu'on accole à celui qui les protège car ils trouvent évidemment que ça manque de nuance. Et pourtant… pourtant ça s'appelle une dictature.

Cette dictature tient notamment grâce à une justice bourgeoise, une justice de classe, où des personnes sont condamnées à de la prison ferme pour avoir ramassé une canette de soda ou juste s'être trouvées là. Malgré les beaux principes, il n'y a pas d'égalité devant la loi, car celle-ci, et ses modalités d'application, ne sont que les reflets du rapport de force social dans le pays.

NOUS NE SOMMES PAS DANS UN RÉGIME TOTALITAIRE, NI DANS UNE DICTATURE MILITAIRE

Les bourgeois qui ne craignent rien, qui ne se sont jamais opposés au régime et qui donc n'en ont jamais mesuré la violence et l'arbitraire répressifs, qui croient, bouche bée, à tout ce que leur disent des médias sous influence et l'État, veulent de la nuance. Alors donnons-en leur.

Nous ne sommes ni dans l'URSS de Staline, ni dans l'Allemagne nazie ou dans d'autres régimes totalitaires, avec parti unique, contrôle total de l'information, culte du chef et surtout des millions de morts. On le sait, ce n'est pas le propos. Nous ne sommes pas non plus dans une dictature militaire avec l'armée tirant sur la foule à balles réelles à chaque manifestation, les opposants pendus ou fusillés sur la place publique.

Voilà pour la nuance.

Oui sauf que voilà, une dictature ce n'est pas que ça. Et par négation : une démocratie ce n'est pas juste ne pas se faire fusiller par le pouvoir.

LA DÉMOCRATIE N'EST PAS L'ÉLECTION

Le premier argument, celui de Macron qui se prévaut de l'élection par rapport à la foule[7], qui viendrait contredire l'idée que nous puissions être dans un autre régime que démocratique est celui de l'élection : nous avons choisi le tyran qui maintenant nous fait jeter des grenades en cloche sur la tête quand nous ne sommes pas d'accord avec sa réforme des retraites.

Une rapide étude comparative nous fera quand même noter que des tas de pays, au hasard l'Iran, considérés consensuellement comme des dictatures, élisent beaucoup, et que donc le critère ne semble pas suffisant. En effet, la plupart des régimes autoritaires de cette planète ont des élections. C'est le cas en Russie, où tout le monde, médias compris, font comme si elles étaient un signe de démocratie. La plupart des régimes autoritaires de cette planète ont même des partis d'opposition. Mais une grande partie d'entre eux sont factices. Chez nous, le RN a le même programme économique et social que le gouvernement et propose des mesures anti-immigration qui ne choqueront certainement pas notre bourgeoisie. La droite comme le RN votent avec le gouvernement, à de rares exceptions près. Ou bien ces partis d'opposition, dans les régimes autoritaires, sont sous pression constante, qu'elle soit d'ordre médiatique, policière ou judiciaire.

EN V^E RÉPUBLIQUE, DES ALTERNANCES DE PARTIS SONT POSSIBLES, MAIS L'IMPUISSANCE POPULAIRE EST INSTITUTIONNELLEMENT ORGANISÉE ET LE POUVOIR DE L'EXÉCUTIF EST TOTALEMENT DÉLIRANT, SANS COMMUNE MESURE AVEC LES AUTRES DITES DÉMOCRATIES LIBÉRALES OCCIDENTALES.

En France, c'est le cas du seul parti d'opposition institutionnel qui se distingue vraiment des positions du gouvernement, j'ai nommé la France Insoumise. Car oui, il existe d'autres partis à sa droite, mais tous ont pour point commun de s'excuser d'être là : des écologistes à Glucksmann, on propose globalement du Macron en plus sympathique. On ne s'en prend pas au capitalisme, on ne veut pas changer les institutions, on manifeste à toute petite dose et dans le calme… Nos lecteurs plus radicaux nous répondront que LFI, ce n'est pas non plus le grand soir et ils ont raison. Mais il se trouve que même son programme simplement social-démocrate, pas anticapitaliste, va déjà trop loin pour cette classe dominante accro au pillage d'intensité exponentiel qu'elle mène à notre rencontre.

L'élection qui conférerait tous les droits au régime (en plus de fameux contre-exemples historiques…) est un argument réglementaire, institutionnel. Il ne dit rien de la légitimité démocratique des actions qui sont ensuite réalisées par ce dernier. C'est par les règles et dispositifs de la IIIe République que Pétain a été élu par le Parlement[8]. Que Macron soit parvenu à faire passer une réforme des retraites que tous les Français ont rejeté grâce à des magouilles institutionnelles dont tout le monde se fout à part quelques juristes et journalistes qui ne comprennent rien aux dynamiques politiques ne signifie pas qu'elle est légitime.

En Ve République, des alternances de partis sont possibles, mais l'impuissance populaire est institutionnellement organisée et le pouvoir de l'exécutif est totalement délirant, sans commune mesure avec les autres dites démocraties libérales occidentales. Peu importe ce que vous décidez en référendum (traité de 2005), ils le feront passer quand même. Vous votez pour un programme (Hollande 2012), ils appliqueront le contraire. 68 % des Français sont contre une réforme, ils la feront passer quand même, et comme en dictature les mots n'ont plus de sens, ce sera le bout du « cheminement démocratique[9] ».

LA DÉMOCRATIE N'EST PAS LA LIBERTÉ D'EXPRESSION (NOUS NE L'AVONS PLUS TOTALEMENT), C'EST LA LIBERTÉ D'AGIR

La deuxième objection qui nous sera faite est le fait qu'en dictature, nous ne pourrions pas écrire ce que nous écrivons actuellement.

C'est que celle-ci est juste un peu plus subtile : nous pouvons écrire des choses tant que cela n'impacte pas, ou faiblement, le réel. Le régime a besoin d'une petite tolérance envers une opposition sans pouvoir et sans effet pour se légitimer et tenter de faire illusion. Mais nous ne sommes plus beaucoup à croire en l'illusion.

Parce que ce serait vite oublier les tentatives de dissolution du journal de nos collègues de *Nantes Révoltée*[10] (aujourd'hui *Contre-Attaque*), les journalistes tabassés[11] et arrêtés[12], les tentatives de perquisition illégale contre *Mediapart* pour protéger Benalla[13], les reporters de *Disclose* convoqués par la DGSI[14]... Ça vous semble normal, vous ? C'est ça, la liberté des médias ? Avoir peur de finir avec les renseignements ? D'être mis en garde à vue sans raison ? De se faire tabasser et intimider ?

La liberté d'expression est soumise à une série d'autres exceptions parmi laquelle « l'apologie du terrorisme », qui est le motif qui a conduit à la convocation de Mathilde Panot[15], présidente du groupe LFI à l'Assemblée nationale, et Rima Hassan, candidate de ce même parti aux européennes 2024, ainsi qu'à la condamnation à de la prison du secrétaire général de la CGT du Nord. Ce syndicaliste avait établi dans un tract un lien entre les attaques du 7 octobre 2023 et les décennies de colonisation israélienne en Palestine. Les mesures d'exception pour lutter contre le terrorisme, mises en place après les attentats traumatisants de 2015, servent bien, comme on pouvait le craindre, à « assimiler toute contestation politique ou sociale à du terrorisme » comme le dénonce le président de la Ligue des Droits de l'Homme[16].

Les médias de masse, sous contrôle des milliardaires, qui couvrent toujours les manifestations côté police, sont plus épargnés évidemment, puisque ce ne sont pas des médias qui remplissent leurs rôles de contre-pouvoir. Prétexter que nous avons la liberté des médias parce que nous avons TF1 et BFMTV serait aussi bête que de dire que l'URSS l'avait puisqu'ils avaient la *Pravda*. Pourquoi le régime s'en prendrait à des médias qui ne leur causent aucun tort ? Qui lui déroulent le tapis rouge toute la journée ? Pourquoi mettrait-on Laurent Delahousse ou Léa Salamé 48 heures en garde à vue ? Contrairement aux décrocheurs de portraits[17], ils ne sont pas du genre à faire du lèse-majesté.

Mais même les journalistes de terrain de ces médias se font parfois sérieusement tamponner par la police, ce qui crée des bugs dans le système et qui fait que, par esprit corporatiste, l'ampleur des violences policières (déjà largement documentées dans les médias étrangers) perce parfois jusque chez eux[18].

Mais c'est aussi le moment de rappeler que fondamentalement, la démocratie n'est pas la possibilité de dire que nous sommes en dictature, ou de critiquer le gouvernement qui nous oppresse, nous violente, nous arrête arbitrairement, c'est la possibilité d'agir sur notre destin, c'est celle de choisir nos orientations politiques, de nous gouverner nous-mêmes, c'est, pour reprendre la célèbre formule « le gouvernement du peuple, pour le peuple, par le peuple ». C'est décider nous-mêmes si nous voulons ou pas de la réforme des retraites (celle qui est donc passée alors que nous n'en voulons pas), qui va contre nos intérêts évidents, contre l'intérêt général au profit d'une minorité.

LA DÉMOCRATIE N'EST PAS LA POSSIBILITÉ DE DIRE QUE NOUS SOMMES EN DICTATURE, OU DE CRITIQUER LE GOUVERNEMENT

LA DICTATURE MACRONISTE NOUS SUPPRIME LA LIBERTÉ DE MANIFESTER, DE FAIRE GRÈVE, DE SE RASSEMBLER, DE S'EXPRIMER

La démocratie n'est donc pas que l'élection d'un tyran qui aurait tous les droits tous les cinq ans, pendant cinq ans. Ce n'est pas non plus juste de pouvoir s'exprimer (difficilement) sur les réseaux sociaux. C'est déjà la liberté d'agir, mais c'est aussi tout un ensemble de droits et de libertés élémentaires qui ont totalement disparu de notre pays.

L'État de droit n'est plus, ces dernières années, une réalité. Par État de droit, on entend trois choses : l'égalité devant la loi, la séparation des pouvoirs (entre l'exécutif, le législatif et le judiciaire) et le respect de la hiérarchie des normes. Si les deux premiers points sont des idéaux à atteindre, certes, force est de constater qu'en France on s'est en très fortement éloigné ces dernières années. Pour s'en convaincre, il suffit donc de voir comment ont été traités les jeunes gens ayant participé à la révolte des banlieues en 2023, énième épisode d'une longue série : ils ont été traités comme des sous-citoyens, certains sont toujours emprisonnés pour des délits mineurs ou simplement pour avoir été là, et ce parce que le gouvernement a demandé aux juges une répression active[19] : voilà pour la séparation des pouvoirs. On peut arguer que le troisième point est respecté : le gouvernement n'agit pas de façon arbitraire, nous avons encore des grands textes qui nous protègent, et des institutions, comme le Conseil d'État ou le Conseil Constitutionnel, chargé d'y veiller. Le gouvernement doit en effet respecter des principes plus élevés définis, en France, par le bloc de constitutionnalité qui comporte la Constitution de 1958, la Déclaration des droits de l'homme et du citoyen de 1789 et le préambule de la Constitution de 1946. Ces textes définissent des principes *a priori* inaliénables tels que la liberté d'expression, le droit de grève ou le droit de manifester.

QUI NOUS OPPRESSE, NOUS VIOLENTE, NOUS ARRÊTE ARBITRAIREMENT, C'EST LA POSSIBILITÉ D'AGIR SUR NOTRE DESTIN.

Parmi eux, la liberté de manifester. En 2018, la répression intense subie par les Gilets jaunes a démontré qu'une manifestation était possible seulement quand elle ne menaçait pas le pouvoir. Les manifestations contre le racisme ou en soutien à la population palestinienne sont régulièrement interdites. Toutes les organisations de droits de l'homme l'ont souligné (notamment les Nations Unies[20] et La Ligue des Droits de l'Homme) et ont dénoncé ces interdictions[21]. Par ailleurs les manifestants sont terrorisés, sont tabassés, mutilés[22], parfois violés[23], des personnes sont tuées par la police en marge de celles-ci (Zineb Redouane[24]), arrêtées sur des motifs fallacieux. Exactement comme dans les dictatures de pays lointains que les bourgeois adorent dénoncer pour montrer leur grandeur morale.

Le mouvement contre la réforme des retraites de 2023 fut aussi riche en arrestations arbitraires. Pour la seule journée du jeudi 16 mars 2023, le syndicat de la magistrature avait dénombré 283 sur 292 personnes arrêtées sans qu'elles n'aient commis aucune infraction[25], soit l'immense majorité. On rappelle à toutes fin utiles, que la participation à une manifestation, qu'elle soit déclarée ou non en préfecture, ne constitue pas un délit (Cour de cassation, crim, 14/6/22, 21-81.072) et que donc ce ne sont pas des règles de droit qui sont appliquées, mais l'arbitraire policier sur ordre du pouvoir.

Chloé Guilhem, membre d'Action Justice Climat, une organisation écologiste extrêmement pacifiste, avait raconté en détail son arrestation, ses 48 heures en garde à vue, la confiscation et la fouille complète de son téléphone (qu'elle n'a jamais récupéré) et donné un témoignage concret de comment les choses se passent.

Ces scènes délirantes s'étaient poursuivies tous les jours. Exemples.

Le vendredi 17 mars 2023, la police avait patrouillé dans le quartier de Châtelet à Paris, contrôlant et arrêtant ceux qu'elle considérait arbitrairement comme des manifestants.

Le samedi 18 mars 2023, la police avait humilié et fait s'asseoir contre un mur des dizaines de manifestants, avant de les arrêter. Parmi eux, un manifestant avait témoigné longuement de sa semaine kafkaesque et de sa ré-arrestation juste après ses 48 heures de garde à vue, simplement parce qu'il avait l'air, selon les mots de la police, d'un « putain de gauchiste ».

Le dimanche 19 mars 2023, après avoir nassé le quartier Montorgueil à Paris, la police avait procédé à des tas d'arrestations aléatoires.

Mais la police et le pouvoir ne se contentent pas d'arrêter arbitrairement leurs opposants politiques, ils les intimident physiquement et les violentent.

Le samedi 18 mars 2023, à Nantes, des policiers agressaient sexuellement des manifestantes étudiantes. Plus loin un CRS brandissait un fusil d'assaut en manifestation[26] (ce qui est évidemment illégal).

Le dimanche 19 mars 2023, une femme se faisait étrangler par un policier contre les murs d'un café parisien[27].

Lundi 20 mars 2023, plusieurs policiers jetaient à terre, insultaient, frappaient et humiliaient un SDF.

Le mardi 21 mars 2023, c'est les clients d'un Domino's Pizza qui se faisaient éclater sans distinction.

Le mercredi 22 mars 2023, un marin pêcheur de 22 ans, se faisait péter le nez sans raison à Rennes.

Parfois, la justice intervient pour donner tort à l'État sur les interdictions de manifester, comme pour la manifestation antiraciste du 21 avril 2024 à Paris, interdite puis rétablie par le tribunal administratif qui a dénoncé « Une atteinte grave et manifestement illégale à la liberté de manifestation[28] ». Mais c'est loin d'être systématiquement le cas. C'est pourquoi l'ONG Amnesty International estime qu'« En France, le droit donne un pouvoir trop large aux autorités pour interdire des manifestations dès qu'elles estiment que celle-ci est de nature à troubler l'ordre public[29] ».

Le droit de grève est lui aussi totalement bafoué. Grâce à un jeu langagier, faire grève est désormais appelé « blocage » (c'est le principe de la grève...) et l'État réquisitionne. Il en fût ainsi par exemple du dépôt pétrolier de Fos-Sur-Mer ou à Nantes où le PS fit venir des entreprises de précaires pour casser la grève des éboueurs.

SE RAPPELER LA RÉPRESSION JUDICIAIRE CONTRE LES JEUNES QUI RÉCLAMAIENT JUSTICE POUR NAHEL

Le traitement judiciaire de la mort de Nahel, tué le 27 juin 2023, par un policier lors d'un contrôle routier, a suscité des révoltes massives car il mettait d'un côté en scène une justice expéditive – la peine de mort existe toujours en France, elle est donnée, sans jugement, par des policiers – et de l'autre une institution policière protégée. Le meurtrier de Nahel fût placé en détention provisoire, mais dans des conditions privilégiées et ne fût pas condamné de manière expéditive. En revanche, la justice s'est permis de broyer les vies en 15 minutes des (très) jeunes arabes et noirs qui ont osé se révolter contre un ordre policier raciste, brutal et injuste, ou bien qui se trouvaient juste au mauvais endroit, au mauvais moment.

Après ce meurtre du jeune Nahel, comme le rappelait l'avocat de la famille, Me Yassine Bouzrou, habitué des dossiers de violences policières, seul le procureur de la République de Nanterre « qui n'est pas un magistrat indépendant » dirigeait « l'enquête sur des policiers de son propre département ».

JAMAIS, OU DE MANIÈRE RARISSIME, DE TELLES PEINES NE SONT PRONONCÉES EN TEMPS NORMAL, POUR DES GENS SANS CASIER, Y COMPRIS POUR DES AGRESSIONS TRÈS VIOLENTES OU DES VIOLS. IL S'AGIT DONC BIEN D'UNE RÉPRESSION POLITIQUE. ON AVAIT VU LE MÊME GENRE DE PHÉNOMÈNES PENDANT LES GILETS JAUNES.

Le policier a bénéficié de conditions de détention privilégiées : il a été affecté dans le quartier des personnes vulnérables et médiatiques. C'est là qu'on y met par exemple les politiciens corrompus[30]. Tandis que les jeunes qui sont envoyés en prison sont en permanence soumis à des dangers extrêmes (viol, meurtre, passage à tabac, chantage, menaces...).

Pour les mineurs en colère, la justice fût étrangement « efficace ». Le 2 juillet 2023, des tas de jeunes avaient déjà été lourdement condamnés, à des peines de prison ferme[31], alors qu'aucun d'entre eux n'avait tué qui que ce soit. Partout en France la justice a fait des exemples pour terroriser les noirs et les arabes. Jamais, ou de manière rarissime, de telles peines ne sont prononcées en temps normal, pour des gens sans casier, y compris pour des agressions très violentes ou des viols. Il s'agit donc bien d'une répression politique. On avait vu le même genre de phénomènes pendant les Gilets jaunes.

Rafik Chekkat, avocat de formation et concepteur de @islamophobia.fr, avait raconté les comparutions immédiates à Marseille, qui donnent une idée du délire répressif qui a eu cours. Quelques exemples : « 4 mois de prison ferme pour une jeune femme de 19 ans rentrée dans le magasin Snipes sans avoir rien pris », « 1 an ferme pour des vols au Monoprix », « 10 mois ferme pour un étudiant malien en Master à Aix pour le vol de deux pantalons chez Hugo Boss ». Aucune de ces trois personnes n'avait de casier judiciaire.

À Pontoise, la logique fût la même, comme l'avait raconté Révolution Permanente[32] : « un lycéen de 18 ans, sans casier, prend 12 mois de prison ferme avec mandat de dépôt (départ en prison depuis l'audience). Il est accusé d'avoir fourni le briquet qui aurait servi à l'incendie d'une voiture. À la lecture du délibéré, sa mère s'effondre. », « Un homme de 58 ans est jugé pour recel pour avoir ramassé des objets au sol des heures après les pillages », « l'homme de 58 ans a été déclaré coupable de recel et condamné à une peine d'un an de prison ferme. Pour avoir ramassé des objets au sol 3h après les pillages. », « 3 hommes (21, 34 et 39 ans) jugés pour avoir pénétré dans le magasin Monoprix. Pour 2, les faits ont été requalifiés en tentative de vol (ils n'avaient pas de nourriture en leur possession). Ils ont été condamnés à 10 mois fermes. Le 3e homme à 1 an ferme. La Présidente a ordonné le maintien en détention. Pas de témoins ni de vidéos. Seuls les PV d'interpellation font foi. »

Au Tribunal de Nanterre, là où Nahel a été tué, la justice s'en est donné aussi à cœur joie pour protéger des institutions pourries jusqu'à la moelle : Yannis S., 20 ans, a été condamné à 6 mois de prison (dont quatre avec sursis) pour avoir appelé à participer à la révolte sur Snapchat. Il expliquait son geste : « Ce ne sont que des mots madame la juge. J'ai balancé tout ce que j'avais en tête. À ce moment-là, je suis choqué parce qu'il y a un mort. C'est quelque chose qui nous a tous choqué dans les quartiers ». C'est quelque chose qui a choqué dans les quartiers, mais c'est quelque chose qui ne choque pas les juges. Ce n'est pas à leurs propres enfants que ça serait arrivé de toute façon. Peu de chance de se faire abattre à la sortie de l'ENS ou de HEC.

Il faut noter que les jugements furent par ailleurs rendus dans de très mauvaises conditions puisque les greffières et greffiers étaient en grève[33], mais de toute façon, il ne s'agissait pas de rendre justice mais de réprimer à la chaîne, de façon industrielle.

POUR LES CITOYENS BIEN NÉS, UNE JUSTICE PLUS CLÉMENTE ?

Histoire de comparer, regardons des condamnations de prévenus aisés et respectés :

Jean-Philippe Dambreville, directeur du conservatoire d'Aix-en-Provence a été condamné pour harcèlement sexuel sur une enseignante. Mais harceler sexuellement des femmes, c'est moins grave que voler un jean, alors il n'a été condamné qu'à 10 mois de prison[34] avec sursis et sans inscription au fichier des auteurs d'infraction sexuelle.

L'ex-PDG de France Telecom, Didier Lombard, a lui été condamné à un an de prison avec sursis et 15 000 € d'amende pour harcèlement institutionnel[35]. Le lien avec les dizaines de suicides s'étant produit dans l'entreprise publique dans les années 2010 n'a pas été retenu.

Valérie Pécresse voulait une peine plancher d'un an de prison ferme et « pourrir les vacances des émeutiers[36] ». Et son fils arrêté à de multiples reprises pour possession de stupéfiants[37] ? Il a été condamné à quoi (spoiler : à rien) ?

Qu'est-ce que la justice de classe ? C'est un système judiciaire qui traite différemment les gens selon leur appartenance sociale et, dans le cas de la France, raciale. Concrètement, cela se traduit de plusieurs façons :

Les plus pauvres n'ont pas accès à une défense de qualité, sont mal informés et, dans le cas des répressions policières, sont soumis à une justice expéditive dans le cadre du système de comparution immédiate. La comparution immédiate est une procédure rapide qui permet au procureur de faire juger une personne tout de suite après sa garde à vue. Le procureur de la République peut engager cette procédure s'il estime que les indices sont suffisants et que l'affaire est en état d'être jugée. L'auteur présumé doit, en présence de son avocat, accepter d'être jugé immédiatement. Pour le compte Instagram « le droit c'est nous », la comparution immédiate « est une procédure qui rend quasiment impossible » l'individualisation de la peine, qui est pourtant l'un des principes de base du droit pénal : « chaque individu doit être jugé selon les caractéristiques qui lui sont propres : son milieu, son accès à certains privilèges, sa compréhension des enjeux sociétaux, ses faits propres ». Or, la comparution immédiate ne permet pas ça, car c'est une procédure trop rapide pour éclairer le contexte et les caractéristiques individuelles des personnes jugées. En plus, elle ne permet pas d'avoir du recul face aux évènements. La comparution immédiate fût privilégiée pour juger les émeutiers parce que le ministre de la Justice l'avait exigé dans une circulaire où il avait demandé au système judiciaire[38] une réponse « rapide, ferme et systématique ».

UNE INSTITUTION JUDICIAIRE SITUÉE SOCIALEMENT… DU CÔTÉ DE LA BOURGEOISIE

Les juges et les avocats ne sont pas neutres dans notre société de classe : ils font partie de la classe supérieure, que cela soit par leurs fonctions ou leurs origines. Pour le sociologue Yoann Demoli[39], auteur d'une étude sur le groupe des magistrats, ils ont « un profil d'élite. Il ressemble à celui des étudiants de Sciences Po. On trouve parmi les magistrats deux tiers d'enfants de cadres supérieurs, et de professions libérales. » Les études de droits sont exigeantes, sélectives et longues, et permettent très difficilement à des personnes d'origines sociales diverses de les mener entièrement. Par conséquent, ceux qui nous jugent font partie de la bourgeoisie ou de la sous-bourgeoisie, tout comme ceux qui nous défendent. La neutralité sociale de l'institution judiciaire est un mythe : celles et ceux qui la constituent ont une compréhension spontanée bien plus grande des motifs de leurs semblables que de celles et ceux dont ils ne connaissent pas la vie. Il est difficile d'imaginer que cette institution, comme la police ou la médecine, n'a pas d'importants biais racistes.

Les membres des classes supérieures ont des compétences et un réseau qui leur permettent de se voir jugées moins durement et dans des circonstances plus favorables. C'est ce que le criminologue américain Edwin H. Sutherland appelait « le crime en col blanc » : c'est un acte illégal commis par une personne respectable, de statut social élevé, dans son cadre professionnel. Pour lui, la criminalité des classes supérieures est systématiquement sous-estimée, car d'une part, les classes supérieures utilisent leur puissance politique et financière pour échapper aux condamnations et d'autre part, des systèmes juridiques spécifiques existent pour les milieux d'affaires et les professions bien établies. C'est le cas des professionnels de santé, dont les actes doivent être signalés aux Ordres (des médecins, des pharmaciens), qui sont des instances parallèles, et qui plus est, corporatistes. Au niveau du système judiciaire de droit commun, les bourgeois sont très bien défendus, ils sont informés et bénéficient de délai de procédures bien plus favorables à la préparation de leur défense.

LA NEUTRALITÉ SOCIALE DE L'INSTITUTION JUDICIAIRE EST UN MYTHE : CELLES ET CEUX QUI LA CONSTITUENT ONT UNE COMPRÉHENSION SPONTANÉE BIEN PLUS GRANDE DES MOTIFS DE LEURS SEMBLABLES QUE DE CELLES ET CEUX DONT ILS NE CONNAISSENT PAS LA VIE.

NOUS NE SOMMES PAS EN DÉMOCRATIE, MAIS CELA N'EST PAS NOUVEAU

Notons qu'il y aurait *basculement* si nous étions auparavant dans des cadres démocratiques, mais est-ce seulement le cas ? Pour la démocratie, clairement pas. La Ve République, fondée dans des circonstances de guerre coloniale par un militaire, n'est pas un régime démocratique. La souveraineté du peuple y est extrêmement limitée. Elle ne permet pas à de véritables contre-pouvoirs de s'exercer. Depuis le début des années 2000, le pouvoir du président sur le Parlement s'est accru, de telle sorte que les partis d'opposition n'ont plus de capacité de nuisance. Il faut des circonstances bien particulières et désormais rares pour que le président soit privé de majorité absolue. Ces circonstances se sont produites en 2022, avec un président très impopulaire réélu par répulsion envers celle qu'il fait en sorte d'avoir pour unique adversaire : Marine Le Pen, dont l'omniprésence politique rassure les classes dominantes et verrouille l'élection présidentielle qui est pourtant la seule susceptible d'accorder au peuple une part de souveraineté.

Mais même sans majorité absolue, le gouvernement a pu continuer à prendre des décisions sans partage grâce à la constitution de la Ve République qui autorise, par son article 49-3, le gouvernement à se passer d'un vote du Parlement pour faire adopter des lois. Le désengagement progressif et radical de la population envers toutes les élections traduit ce constat hélas réaliste : en France, la voix du peuple par les urnes est extrêmement limitée, voire inexistante. Les partis de la bourgeoisie se partagent le pouvoir et engagent, avec le soutien de médias aux ordres ou rachetés par leurs amis, de vives campagnes de dénigrement de toute organisation qui représenterait une menace un peu sérieuse.

Ainsi donc, il devient assez erroné et un peu absurde de parler de « basculement » d'un état démocratique à un état autoritaire. Cela fait bien longtemps que la France n'est plus une démocratie, si tant est qu'on puisse trouver une période où elle l'a été. La souveraineté du peuple n'est plus, elle s'exerce dans des circonstances extrêmement contraintes tous les 5 ans, mais le reste du temps, elle est suspendue. Nous le voyons à chaque gros mouvement social : les citoyennes et les citoyens ne disposent pas de moyens légaux pour pouvoir bloquer une décision qu'elle juge majoritairement nocive. Mais, malgré des textes constitutionnels protecteurs, elles et ils ne peuvent plus exprimer leur colère ou leur désaccord radical avec les politiques menées – notamment sur le plan international – sans risquer gros sur le plan juridique. Toute tentative de désobéissance civile – par des actions de destruction de bien ou simplement de décrochage de portrait présidentiel[40] – est férocement réprimée. L'État de droit n'est qu'une façade, il fonctionne dans tous les cas où les intérêts de la classe dominante ne sont pas menacés, mais il est suspendu de fait quand elle risque plus gros. Désormais, même des militants écologistes sont accusés de terrorisme et traités comme tels quand ils s'en prennent à des grandes entreprises[41].

Il n'y a donc pas de « basculement », il faut arrêter de dire les choses ainsi. Mais malgré les preuves qui s'accumulent, la pudeur pour qualifier le régime politique est de mise dans les milieux politiques et intellectuels. On parle de « démocrature » ou de « dérives autoritaires du gouvernement », ce qui n'a aucun sens. Soit on est en démocratie, soit on est en dictature. Quant à parler de « dérives autoritaires » comme s'il s'agissait d'un style ponctuel de gouvernement, c'est ignorer que toutes nos institutions se transforment peu à peu en auxiliaire de ce régime, de la police aux juges en passant par les agents France Travail, les moniteurs du SNU et un certain nombre de profs qui embrassent avec enthousiasme leur rôle de policier du vêtement.

LA SUR-FOCALISATION SUR LE « FASCISME À VENIR » SUR LE MODE « LA BÊTE IMMONDE GUETTE » OU DU « IMAGINEZ UN PEU CE QUE ÇA AURAIT ÉTÉ AVEC

La France n'est pas une démocratie. Il est grand temps de prendre conscience de cette réalité, sinon nous allons continuer à perdre notre temps à jouer au citoyen déçu avec des institutions qui ne sont pourtant pas conçues pour nous entendre ou nous respecter. Nous vivons dans un régime autoritaire, au service d'une classe dominante capitaliste. Son idéologie comporte l'exacerbation du racisme, l'amour sans limite de l'ordre, le dégoût du peuple ainsi que le virilisme. Ce serait rassurant s'il s'agissait juste d'un tournant particulier et ponctuel d'un gouvernement macroniste aux abois, qui tenterait de convaincre son électorat de vieux réacs pour conserver le pouvoir. Mais hélas, il semble bien que cette idéologie soit en train de s'insinuer dans toutes les institutions : la cour d'appel de Metz a ainsi relaxé, jeudi 18 avril 2024, un policier accusé de violence envers sa femme et ses enfants, invoquant un « droit de correction[42] ».

LE « DÉJÀ-LÀ FASCISTE » : SORTIR DE LA VISION SÉPIA DU RÉGIME AUTORITAIRE; ARRÊTER LA SUR-FOCALISATION SUR LE PEN, RÉSISTER ICI ET MAINTENANT

La France est un régime autoritaire. Il faut se sortir de cette idée que seule une victoire du RN nous y emmènerait, car c'est se condamner à ne pas voir que sa pensée est déjà au pouvoir, et c'est s'empêcher de lutter contre au nom de ce parti contre lequel il faudrait systématiquement « faire barrage » – sans se préoccuper du flot de merde qui règne déjà de l'autre côté sur l'autre rive.

La sur-focalisation sur le « fascisme à venir » sur le mode « la bête immonde guette[43] » ou du « imaginez un peu ce que ça aurait été avec Le Pen ohlala » nous empêche de voir les éléments de dictature, les éléments de fascisme, déjà présents actuellement, ici et maintenant. Comme on fait croire qu'ils ne pourraient venir que de l'extrême droite, élue par des prolos qu'ils s'imaginent forcément bêtes, haineux et racistes, et pas du propret Macron, avec sa tronche de vendeur en assurance, on s'empêche de comprendre et d'analyser la gravité du moment pour y préférer de confortables indignations morales prospectives.

On s'empêche de voir que contrairement à ce que la propagande bourgeoise aime en dire, la dictature vient le plus souvent de l'oligarchie, du haut, et non pas d'un mouvement de masse populaire.

C'est ce que Rob Grams désignait par « déjà-là fasciste[44] » pour de précédents articles de *Frustration* : il faut cesser la dissonance cognitive, regarder et analyser froidement les faits et les violations structurelles, systémiques, systématiques, de nos libertés civiles, de nos droits élémentaires, du dit « État de droit », le niveau délirant de violence répressive envers les opposants politiques qu'ils soient manifestants, élus ou journalistes, et comprendre que ce n'est pas plus tard qu'il faut résister, que l'on ne peut pas attendre l'hypothétique élection d'une Marine Le Pen pour s'inquiéter de l'autoritarisme.

Nous ne sommes pas dans un État fasciste, mais nous ne sommes pas en démocratie non plus. Nous avons quelques libertés, mais les fondamentales nous sont refusées. S'opposer à la Macronie c'est aujourd'hui se mettre en danger.

Alors évidemment, c'est une réalité très difficile à intégrer. D'abord parce qu'elle est effrayante, ensuite parce qu'elle trouble notre vision sépia de la vie sous régime autoritaire. Et pourtant : des policiers en roue libre qui peuvent tabasser ou tuer des gens – on y est. Une opposition qui est criminalisée et marginalisée – on y est.

Le Pen ohlala » nous empêche de voir les éléments de dictature, les éléments de fascisme, déjà présents actuellement, ici et maintenant.

Il faut aussi noter des différences de perception. Un régime autoritaire n'est pas expérimenté de la même façon par tout le monde et c'est pourquoi certains le nomment plus facilement que d'autres. Quand on pointe à France Travail et que l'on nous annonce un stage obligatoire, sans quoi on nous condamne à crever de faim, on le sent bien, le régime autoritaire. Quand on vit en banlieue et que l'un de nos amis est tué par balle par un policier qui n'ira pas en prison, on le sent pas mal, le régime autoritaire. Quand on est diplômé, que l'on a un job bien payé, que Linkedin nous suggère de devenir ami avec Gabriel Attal et qu'on a les moyens de partir souffler à l'étranger, on le sent moins, ce régime. On ergote, on s'indigne de temps en temps mais l'on estime que le pire restant toujours le RN, rien ne sert de dénoncer trop fort la situation actuelle.

La bonne nouvelle, c'est que le régime autoritaire dans lequel nous vivons est certainement la réaction de toute une partie de la société aux mouvements de fond qui la traversent : révolte contre l'accumulation capitaliste, dégoût du travail subordonné, visibilisation et prise de parole des femmes et des racisés... comme un animal blessé, la classe dominante se durcit.

La répression médiatique et judiciaire qui s'est abattue sur les défenseurs des victimes du « nettoyage ethnique » à Gaza participait quant à elle du processus de soutien actif et « inconditionnel » des bourgeoisies européennes et nord-américaines au gouvernement d'Israël[45], qui est à la fois le poste avancé de l'Occident au Proche-Orient et un grand client des entreprises d'armement... et qu'importe si son Premier ministre a été continuellement ciblé par de grandes manifestations de sa population pour obtenir son départ[46]. La violence de la classe dominante envers les défenseurs des Palestiniens a donc été proportionnelle à l'ampleur de ce qu'elle a tenté de couvrir en soutenant l'armée israélienne : le massacre d'enfants, de femmes et d'hommes au nom d'un projet colonial et raciste.

Le « coup d'État légal » de l'été 2024 : l'alliance macro-lepéniste au grand jour

Après son revers aux élections européennes 2024, Macron a dissous l'Assemblée nationale et convoqué des élections législatives. L'objectif ? une cohabitation avec le RN pour l'affaiblir en vue de 2027. C'était sans compter avec l'arrivée en tête du NFP qu'aucun politicien de droite, éditorialiste et sondagier n'avait anticipé. Après avoir réussi à se maintenir deuxième force politique en nombre de députés grâce au barrage anti-RN, les macronistes devaient donc organiser le barrage bourgeois, anti-gauche, en faisant une coalition avec le RN. Cela a pris près de deux mois et a abouti à la nomination de Michel Barnier le jeudi 5 septembre 2024.

« Une dictature, c'est un régime ou une personne ou un clan décident des lois. Une dictature, c'est un régime où on ne change pas les dirigeants, jamais. » Cette phrase est de Macron lui-même et elle a pris une signification amère durant l'été 2024. Malgré une défaite électorale cuisante et claire, il est parvenu à rejeter les trois messages de l'élection législative de 2024, c'est-à-dire le barrage anti-RN, l'arrivée en tête de la gauche et le désir d'une cohabitation. Il y est parvenu en faisant alliance avec le RN pour barrer la gauche et nommer un Premier ministre qui assure la continuité de sa politique et de son contrôle.

Lucie Castets, dont la formation politique, le NFP, avait pourtant gagné les élections, le disait, face à l'annonce du refus de Macron de sa nomination : « De la colère. C'est ce que nous sommes des millions à ressentir ce matin. Emmanuel Macron nous dit que les élections ne valent rien[47]. » Elle ne le pense pas vraiment, et pourtant, elle devrait.

Comme d'habitude, les euphémismes sont allés bon train dans la presse inféodée et au sein de la gauche bourgeoise, atteints d'une dissonance cognitive avancée et imperturbable, *Libé* parlant de « mépris[48] » ou de « président toxique[49] », Marine Tondelier de « dérive illibérale[50] » (combien d'années faudra-t-il avant d'envisager qu'il s'agisse là plus que d'une « dérive » ?)... tout cela alors même que le refus des résultats des élections a créé un précédent qui n'augure rien de bon pour 2027.

Certaines et certains rétorquaient que les magouilles et manœuvres de la clique Macron avaient été faites en respectant le cadre de la Constitution. Notons déjà que l'esprit de la Constitution a été largement tordu : même en admettant l'idée que la censure d'un gouvernement NFP aurait été inévitable, la logique aurait voulu que ce soit à l'Assemblée de censurer et non pas préventivement au président de la République.

Mais il s'agit là d'un argument légaliste et non d'un argument démocratique. Contrairement à une image extrêmement caricaturale des dictatures, imaginant un pays à l'arbitraire absolu et au pouvoir entièrement personnel, il y a bien des règles, des procédures, des lois, des procès en dictature. Il y a bien souvent une façade afin de légitimer le régime. Dans notre cas, si Macron peut être un dictateur, c'est-à-dire réprimer l'opposition et l'empêcher d'accéder au pouvoir même quand elle gagne les élections, c'est précisément parce que nous avons une des constitutions les plus dictatoriales d'Europe, une constitution qui permet au président de s'asseoir sur le suffrage universel. Dans 23 pays d'Europe, le Premier ministre est nommé parmi la coalition arrivée en tête aux élections législatives.

C'est d'ailleurs quelque chose à opposer à celles et ceux qui sont conscients que la Ve République a toujours été autoritaire et que le capitalisme l'est par nature. Cela est vrai mais il y a d'une part des degrés, d'autre part des moments de bascule qui, comme celui-ci, sont des clarificateurs.

« De la colère. C'est ce que nous sommes des millions à ressentir ce matin. Emmanuel Macron nous dit que les élections ne valent rien. »

Une dictature s'accompagne d'un langage et d'une propagande. Pierre Ouzoulias, sénateur communiste, soulignait qu'en France, celle-ci commence à ressembler à *1984* de George Orwell[51] avec des dénis de réalité absolument délirants, François Bayrou répondant par exemple à la journaliste Apolline de Malherbe lui disant « il y a quand même un premier (le NFP) » que « non, il n'y a pas eu de premier ! ». Pour la classe dominante, si la gauche gagne, alors le réel n'existe plus. Les sondages ont également joué ce rôle. Eux qui se sont trompés systématiquement sur la gauche, en la sous-estimant depuis plus de dix ans, ont passé leur temps à refaire les élections en sondages puisque les résultats des élections réelles ne leur avaient pas convenu, avec les conclusions habituelles : tout le monde déteste LFI et Mélenchon (qui progresse à chaque élection depuis 2012), tout le monde est soulagé que le NFP ne soit pas nommé, tout le monde adore les macronistes. Pourtant d'autres sondages, beaucoup moins diffusés, donnent d'autres résultats : 76 % des Français insatisfaits des actions d'Emmanuel Macron, 84 % portent un regard négatif sur l'action sur le pouvoir d'achat, 77 % sur la réforme des retraites, 57 % d'avis négatifs sur la lutte contre le terrorisme et 59 % sur les relations avec l'UE.

Cette démonstration aussi violente qu'implacable – que le vote ne fonctionne pas ou plus – peut avoir deux conséquences. Ou une résignation triste et dépolitisante, ou bien l'exact inverse, une compréhension plus fine, une prise de conscience d'où se situe réellement le pouvoir et de la nécessité d'envisager des méthodes de luttes plus dures, plus radicales, plus collectives. à nous toutes et tous de faire en sorte que ce soit la deuxième option.

Si Macron a réussi son « coup d'État légal », c'est grâce à son alliance avec le RN qui lui avait promis de ne pas censurer son gouvernement, en contrepartie de l'application de son programme. Le macronisme est une des formes de l'extrême droite contemporaine, qui n'a de différence d'avec l'extrême droite traditionnelle que son esthétique (et encore) et son ethos (et encore). La bourgeoisie macroniste a préféré tordre les institutions, refuser le résultat des élections, s'allier explicitement avec l'extrême droite pour appliquer son programme ultra autoritaire et raciste, que d'avoir la possibilité de voir s'appliquer un programme mollement social-démocrate avec quelques hausses d'impôts pour les entreprises et les riches, une minuscule hausse du SMIC et l'abrogation de la réforme des retraites. Les députés RN eux-mêmes ont décrit la manière dont les macronistes sont venus « mendier leur soutien », leur expliquant tous les points communs qu'ils avaient avec eux[52].
L'été 2024 fut donc une grande clarification : les macronistes sont infiniment plus proches de l'extrême droite du RN que de la gauche. Le RN se considère comme appartenant au bloc de droite qui va de l'aile droite du PS jusqu'à Zemmour. Stefano Palombarini, co-théoricien du « bloc bourgeois », allait dans le même sens : « Il ne fait aucun doute que la nomination de Barnier marque une accélération brutale dans le rapprochement entre le bloc bourgeois et celui d'extrême-droite[53]. »

La naïveté des électeurs barragistes a donc une fois de plus été abusée. Macron avait dissous pour que Bardella soit Premier ministre, ce qui était déjà un fort indice du fait qu'il ne pouvait pas être considéré comme une opposition crédible à l'extrême droite. Il avait malgré tout, surtout sous l'impulsion de Gabriel Attal, fait élire ses députés grâce au barrage anti-RN. Dire que le barrage est une impasse stratégique ne signifie pas qu'il ne fallait pas faire barrage, chacun fait en sa conscience, mais simplement que le barrage est devenu absolument structurant dans la politique française comme outil d'annihilation de la gauche. Cela est d'autant plus préoccupant que le barrage n'empêche pas l'arrivée de l'extrême droite au pouvoir car l'extrême droite n'arrive au pouvoir en Europe que par des alliances et des coalitions (Suède[54], Italie[55], Hongrie...). C'est précisément ce qu'il s'est passé avec la coalition RN-Macron. Voter Macron avec l'objectif d'arrêter le RN ce n'est pas empêcher le RN d'arriver au pouvoir, c'est seulement exprimer une préférence pour le pôle de gravité de la prochaine coalition d'extrême droite (RN, LR ou macronistes).

Il faut donc arrêter de penser la politique comme divisée entre « républicains » et « extrême droite ». « Républicains » ne nous réunit en rien, c'est un mot devenu creux par son usage récent. Nous ne faisons pas face à des monarchistes, nous faisons face à un bloc raciste, autoritaire et néolibéral. La classe dominante a fait entrer le RN dans le camp « républicain » et en a exclu la France Insoumise. Elle en exclura bientôt toute la gauche, même la plus bourgeoise et mollassonne. Ces signifiants ne nous aident donc plus en rien, ils créent une confusion qui nous empêche de repérer nos ennemis et de les comprendre. Il n'y a de différences entre le RN, LR et les macronistes que de degré, en aucun cas de nature. C'est bien ce qui leur a permis de s'allier. Le RN n'est pas républicain simplement par astuce rhétorique mais parce que la République peut très bien être raciste, coloniale, dictatoriale, anti-sociale. Le RN se sent bien dans le « climat républicain » actuel qui ne signifie plus rien d'autre que de haïr la gauche, les mobilisations sociales, les minorités, les Musulmans.

Cet épisode a donc abouti à la situation délirante dans laquelle c'est le parti Les Républicains, dont le groupe est arrivé dernier aux deux tours des élections, qui n'avait obtenu que 47 députés (contre les 182 du NFP[56]), qui a obtenu un Premier ministre.

Macron a réalisé son but, tel que l'avait explicité *Le Monde* le 30 juillet 2024 : « Le chef de l'État souhaiterait trouver une personnalité consensuelle [...], mais dont la désignation au poste de Premier ministre donnerait une impression de cohabitation ». Avec Barnier, il a pris un Premier ministre d'un parti qui n'est pas le sien, pour donner l'impression d'un changement, d'une cohabitation, mais pour poursuivre en réalité sa politique tout en la radicalisant et en l'accélérant.

Bref : si les macronistes gagnent les élections, on a un Premier ministre macroniste, si les macronistes perdent les élections... eh ben on a un Premier ministre macroniste.

Car macroniste, ou « macron-compatible », Michel Barnier l'est. *Le Monde* rappelait qu'il « a été approché pour Matignon quand Édouard Philippe est parti », ce qui fait que même ses détracteurs au sein de LR le considèrent comme un « macroniste déçu » : pour le dire autrement, Michel Barnier était envisagé pour être le Premier ministre de la majorité macroniste avant que les macronistes ne perdent leur majorité en 2024[57]. *Le Figaro* nous racontait lui que l'Élysée le voulait également pour la présidence de la Commission Européenne[58].

SI MACRON A RÉUSSI SON « COUP D'ÉTAT LÉGAL », C'EST GRÂCE À SON ALLIANCE AVEC LE RN QUI LUI AVAIT PROMIS DE NE PAS CENSURER SON GOUVERNEMENT, EN CONTREPARTIE DE L'APPLICATION DE SON PROGRAMME.

Le « progressisme » affiché encore il y a quelques années n'est qu'un masque que notre classe dominante ne revêt qu'en temps de paix. Prendre conscience que l'on vit dans un régime autoritaire, pas dans une « démocrature », dans de l'« illibéralisme » avec ses « dérives inquiétantes »… n'est pas une simple question linguistique : c'est ce qui nous permet d'agir intelligemment, sans perdre notre temps à nous étonner, nous indigner, pétitionner et, parfois même, voter. C'est ce qui nous permet aussi de nous épargner de nombreux scrupules à chercher d'autres voies pour établir un rapport de force et non seulement nous défendre mais aussi gagner.
Derrière la neutralité affichée de système judiciaire, c'est bien à une justice de classe, répressive, profondément injuste et totalement liée aux injonctions que nous avons à faire. Une fois admis que pour nous réprimer, le pouvoir se permet tout et se fout des règles, des conclusions s'imposent. ■

Mises à jour des articles « Pourquoi la France est bien une dictature » de Rob Grams du 22 mars 2023, « Oui, il y a bien une justice de classe en France » de Rob Grams et Nicolas Framont du 7 juillet 2023, « La France est-elle sur le point de basculer vers la dictature ? » de Nicolas Framont du 23 avril 2024, « Michel Barnier : l'extrême droite déjà là » de Rob Grams du 6 septembre 2024.

1 « Arrestations lors de la manifestation à Concorde : l'ambassade d'Autriche intervient pour la libération de deux ados », Jacques Pezet, *Libération* (CheckNews), le 21 mars 2023.

2 « "Allez-y franchement, n'hésitez pas à percuter. Ça fera réfléchir les suivants" : le jour où la doctrine du maintien de l'ordre a basculé », Yann Bouchez, Nicolas Chapuis et Samuel Laurent, *Le Monde*, le 7 décembre 2019.

3 « "Je porte cette défiance dans ma chair" : l'amertume des "Gilets jaunes" placés en garde à vue préventive », Cécile Bouanchaud, *Le Monde*, le 16 novembre 2019.

4 « "Apologie du terrorisme" : un syndicaliste du Nord écope d'un an de prison avec sursis », Cécile Hautefeuille et Khedidja Zerouali, *Mediapart*, le 18 avril 2024.

5 « D'abord interdite, la manifestation contre le racisme s'est déroulée dans le calme », Caroline Coq-Chodorge, *Mediapart*, le 21 avril 2024.

6 « Des néonazis dans les rues en toute impunité », Florent Le Du, *L'Humanité*, le 9 mai 2023.

7 Emmanuel Macron avait déclaré : « les meutes ne l'emportent pas sur les représentants du peuple et la foule n'a pas de légitimité face au peuple qui s'exprime souverain à travers ses élus ».

8 « À propos du vote du 10 juillet 1940 », Eugène Pebellier, *Le Monde*, le 19 juillet 1965.

9 « ÉDITO - Emmanuel Macron évoque un "cheminement démocratique" après le 49.3, une formule qui pourrait passer comme "de la provocation" », BFMTV, le 20 mars 2023.

10 « Dissolution possible du média *Nantes Révoltée* : l'autoritarisme s'étend », Rob Grams, *Frustration Magazine*, 27 janvier 2022.

11 « Son téléphone sous scellés et l'épaule déboîtée, le journaliste Taha Bouhafs porte plainte », Audrey Kucinskas, *L'Express*, le 13 juin 2019.

12 « Nouvelle arrestation de Gaspard Glanz : 5 heures en absurdie », Pauline Bock, *Arrêt sur Images*, le 20 mai 2021.

13 « Le Parquet de Paris a tenté de perquisitionner *Mediapart* », *Mediapart*, le 4 février 2019.

14 « Trois journalistes convoqués par la DGSI pour avoir détaillé l'usage d'armes françaises au Yémen », *Le Monde*, le 24 avril 2019.

15 « Mathilde Panot annonce être convoquée par la police pour apologie du terrorisme », *Le Monde*, le 23 avril 2024.

16 « 15 avril 2024 – Tribune collective "Les poursuites pour apologie du terrorisme ne doivent pas devenir un outil de répression politique" publiée sur *Mediapart* », Ligue des Droits de l'Homme.

17 « Les décrocheurs de portrait de Macron dénoncent un "acharnement judiciaire" », *Reporterre*, le 5 octobre 2022.

18 « Retraites : des arrestations dénoncées », BFMTV, le 21 mars 2023.

19 « Poursuites judiciaires : Éric Dupond-Moretti en première ligne après les émeutes urbaines », Grégoire Poussielgue, *Les Échos*, le 3 juillet 2023.

20 « Les Nations unies observent de près la police française », *Libération*, le 21 mars 2023.

21 « "Convoi de la liberté" en France : le préfet de police de Paris interdit les manifestations dans la capitale à partir de vendredi », France Info, le 10 février 2022.

22 « Gilets jaunes : le décompte des blessés graves », Jacques Pezet, *Libération* (CheckNews), le 14 janvier 2019.

23 « À Nantes, quatre étudiantes qui manifestaient accusent la police de violences sexuelles », Karl Laske, *Mediapart*, le 18 mars 2023.

24 « Affaire Zineb Redouane à Marseille : pas de sanction administrative pour le CRS identifié », Emmanuel Leclère, France Inter, le 30 octobre 2021.

25 « L'autorité judiciaire n'est pas au service de la répression du mouvement social », Syndicat de la Magistrature, le 20 mars 2023.

26 « Un CRS a-t-il brandi un fusil d'assaut lors d'une manifestation contre la réforme des retraites à Nantes ? », Emma Donada et Fabien Leboucq, *Libération* (CheckNews), le 22 mars 2023.

27 « Manifs sauvages : des comparutions immédiates », BFMTV, le 21 mars 2023.

28 « La justice suspend l'interdiction d'une marche contre le racisme et l'islamophobie prévue dimanche à Paris », France Info, le 19 avril 2024.

29 « Tout savoir sur le droit de manifester en France », amnesty.fr, consulté

30 « Patrick Balkany est sorti de la prison de la Santé », *Ouest-France*, le 12 février 2020.

31 « Mort de Nahel : au tribunal de Nanterre, premières peines de prison ferme pour les émeutiers », David Livois, *Le Parisien*, le 30 juin 2023.

32 « "Il n'y a pas de justice pour nous" : à Pontoise, l'écrasement judiciaire de la révolte se poursuit », Léa Luca, Révolution Permanente, le 4 juillet 2023.

33 « Melun - Fontainebleau : les greffières en colère contre le projet de reclassement de la grille salariale », Agnès Braik, Actu.fr, le 26 juin 2023.

34 « Le directeur du conservatoire d'Aix-en-Provence condamné à 10 mois de sursis pour harcèlement sexuel », Émilie Briffod, France Bleu, le 5 juillet 2023.

35 « Harcèlement moral à France Telecom : peine allégée en appel pour l'ex-PDG du groupe Didier Lombard, condamné à un an de prison avec sursis », Laurine Delanoë, France Info, le 30 septembre 2022.

36 Sur RTL Matin face à Yves Calvi, le 5 juillet 2023, Valérie Pécresse avait déclaré : « Il faut une peine plancher d'un an de prison ferme minimum […] et leur pourrir leurs vacances. ».

37 « Arrestation de son fils : Pécresse veut savoir qui a renseigné les journalistes », Nicolas Jacquard, *Le Parisien*, le 27 mars 2017.

38 « Violences urbaines : dans une circulaire, Éric Dupond-Moretti demande une réponse judiciaire "rapide, ferme et systématique" et vise notamment les parents », Abel Mestre, *Le Monde*, le 30 juin 2023.

39 « Les magistrats se ressemblent », actu-juridique.fr, le 14 juin 2022.

40 « La condamnation des "décrocheurs" de portraits d'Emmanuel Macron confirmée en cassation », *Le Monde*, le 18 mai 2022.

41 « "L'État nous qualifie de terroristes" : après l'action Lafarge, des militants écolos dénoncent des conditions d'interpellations "disproportionnées" », Vincent-Seigne Juliette, France 3 Normandie, le 19 avril 2024.

42 « "Droit à la correction": la relaxe d'un policier accusé de violences familiales questionne », Hugo Septier, BFMTV, le 22 avril 2024.

43 Philippe Martinez, ancien secrétaire général de la CGT, déclarait par exemple chez *Mediapart* : « Derrière, la bête immonde guette. Nous pensons que de telles pratiques vont donner les clés de l'Élysée au RN. C'est grave », *Mediapart*, le 13 mars 2023.

44 « L'impasse du "barrage" : l'extrême-droite est déjà là, partout », Rob Grams, *Frustration Magazine*, le 28 avril 2022.

45 « "Soutien inconditionnel" à Israël, les dessous d'une polémique » *C à vous*, le 24 octobre 2023.

46 « En Israël, des milliers de manifestants réclament le départ de Netanyahu et son gouvernement », *Le HuffPost*, le 21 avril 2024.

47 Entretien sur France Inter le 27 août 2024.

48 Couverture de *Libération* le 27 août 2024.

49 « Emmanuel Macron devient un président toxique », Thomas Legrand, *Libération*, le 26 août 2024.

50 « Nouveau gouvernement : "on nage en pleine dérive illibérale", fustige l'écologiste Marine Tondelier », France Info, le 27 août 2024.

51 Sur X le 28 août 2024.

52 « Des collègues macronistes et LR m'indiquent aujourd'hui avoir des "points communs" avec moi, et mendient le soutien du RN », Laure Lavelette, députée RN de Toulon et du Var, sur X le 4 septembre 2024.

53 Sur X, le 5 septembre 2024.

54 « La Suède vire à droite toute : quelles leçons ? », Rob Grams, *Frustration Magazine*, le 14 septembre 2022.

55 « Élection d'une fasciste en Italie : que s'est-il passé ? » Rob Grams, *Frustration Magazine*, le 28 septembre 2022.

56 « Législatives 2024 : le NFP obtient 182 députés, selon les résultats définitifs », *Ouest-France*, le 8 juillet 2024.

57 « Élection présidentielle 2022 : Michel Barnier, celui qui "coche toutes les cases" mais reste peu connu en France », Sarah Belouezzane et Solenn de Royer, *Frustration Magazine*, le 23 octobre 2021.

58 « Commission européenne : approché par l'Élysée, Barnier a refusé la proposition », Anne Rovan, *Le Figaro*, le 24 octobre 2019.

JEU

Mots cachés

16 mots et noms sont cachés à l'horizontale, à la verticale et en diagonale. Sauras-tu les retrouver ?

Z	A	Q	P	R	É	C	A	R	I	T	É	L	C
R	N	P	O	B	O	U	R	D	I	E	U	I	O
O	A	Z	A	F	X	F	C	H	X	K	C	G	L
Q	R	S	M	L	Y	I	A	T	M	R	A	D	O
E	C	T	W	X	E	V	P	L	A	A	M	B	N
G	H	U	A	S	P	S	I	B	C	C	A	S	I
P	I	P	S	L	A	C	T	I	H	I	R	A	A
A	S	E	H	U	C	S	A	I	I	S	A	L	L
R	M	F	I	T	I	X	L	F	N	M	D	A	I
A	E	L	N	T	F	C	I	S	E	E	E	R	S
S	S	I	G	E	I	N	S	G	W	L	C	I	M
I	L	P	T	N	S	W	T	Y	T	J	X	A	E
T	D	H	O	W	M	O	E	G	H	E	T	T	O
E	B	I	N	B	E	C	S	X	P	G	U	F	M

La grande peur du wokis

Rassemblement à Brooklyn en août 2015, un an après la mort de Michael Brown.

En France, le terme wokisme est convoqué à longueur de plateaux TV et d'éditoriaux dans la presse, pour dénigrer les mouvements progressistes, qui ne se revendiquent quant à eux jamais de ce terme. Il a en quelque sorte remplacé les expressions « politiquement correct » ou « bien-pensance » très utilisées dans les années 1990-2000 pour critiquer les revendications des minorités et des femmes, accusées de bâillonner l'espace médiatique et politique. Pour ceux qui s'opposent au wokisme, la dénonciation des inégalités est plus dangereuse que les inégalités elles-mêmes, qu'il s'agit donc de constamment euphémiser, pour sortir de « la tyrannie des minorités » ou de « la dictature de l'émotion ». Le wokisme serait « la fin de l'objectivité des faits au profit du seul ressenti », comme l'affirme par exemple l'éditorialiste Eugénie Bastié[1]. Cette dénonciation d'un wokisme imaginaire est initialement le fait d'un petit milieu, qui a excellé dans la propagande culturelle ces dernières années pour la généraliser. Il faut avouer qu'à ce jeu-là, les réactionnaires sont bien plus forts que nous. Jusqu'à quand?

Le terme « wokisme » a longtemps été énigmatique pour moi, alors que j'ai vite compris qu'il était censé désigner des gens dont je partageais en grande partie les idées. Comme beaucoup de Français[2], je ne savais pas exactement ce qu'il signifiait. Dans le milieu de la gauche radicale dans lequel j'évolue, je ne l'entends jamais. Les seules fois où je vois ce mot apparaître, c'est quand je regarde les chaînes d'informations, quand je suis agressé sur X par l'apparition des tweets d'éditorialistes, ou quand je discute (oui ça m'arrive) avec des gens de droite. Alors, je me suis demandé d'où pouvait bien venir l'utilisation de ce terme en France, pour désigner des gens qui quant à eux ne s'en revendiquent pas. Qu'on nous traite de « gauchiste », on a l'habitude, mais « wokiste » c'est plus récent et moins clair.

sme

ANALYSE

Comment transformer les victimes en coupables

Par Guillaume Etiévant

Le terme woke est né durant les années 1960 aux États-Unis pendant le mouvement de défense des droits des Afro-Américains : « stay woke », c'est-à-dire rester éveillé et attentif aux inégalités raciales et sociales et tenter de conscientiser son entourage. Le mouvement américain Black Lives Matter, né en 2013 et qui milite contre les violences policières à l'égard des personnes racisées, popularisa par la suite davantage ce terme, qui peu à peu fut étendu au mouvement de défense de l'ensemble des opprimés : LGBT, femmes, immigrés, etc. En France, il est arrivé à la fin des années 2010 (la première occurrence dans *Le Monde* date de 2018), mais en étant diffusé quasiment exclusivement par ses détracteurs, pour dénigrer les idées de gauche dans leur ensemble. Tout antiraciste, féministe, écologiste, est désormais pour eux un wokiste, comme si toutes ces luttes recouvraient exactement les mêmes périmètres et étaient parfaitement unies entre elles. Le wokisme n'a aucun corpus idéologique, contrairement au marxisme et au féminisme, par exemple. « *Le mot "woke" n'est à notre connaissance revendiqué par aucun activiste anti-discriminations en France, et ne recouvre donc pas de mouvement politique réel* », résume le journal *20 Minutes.* La généralisation de son utilisation dans certains médias a été progressive. Elle vient notamment de l'arrivée en France du sociologue canadien d'extrême droite Mathieu Bock-Côté qui en a fait son sujet de prédilection, alors que le terme était alors inconnu en France. Il est peu à peu apparu dans les médias français au cours des années 2010, sévissant en particulier au *Figaro*, puis en tant que chroniqueur pour des chaînes de télévision (CNews) et à la radio (Europe 1). Ses idées, mots d'ordre et éléments de langage ont été rapidement repris par d'autres éditorialistes de droite (Eugénie Bastié et l'équipe du *FigaroVox*, *Valeurs Actuelles*, etc.) et par les intellectuels réactionnaires (Pascal Bruckner, Alain Finkielkraut, Michel Onfray, etc.).

La diffusion du terme wokisme a été accélérée par deux leviers qui l'ont étendu au-delà des sphères de la droite traditionnelle :

Le pouvoir macroniste lui-même qui y a vu un moyen efficace de dénigrer son opposition parlementaire de gauche, au même titre que l'utilisation du terme islamo gauchiste. Jean-Michel Blanquer, alors ministre de l'Éducation nationale, a même lancé un *think tank* consacré à la lutte contre le wokisme;

Les essayistes se prétendant de centre gauche, tels Caroline Fourest, Raphaël Enthoven, Éric Naulleau ou Chloé Morin.

S'opposer à un wokisme fantasmé pour être invité à la TV et vendre des bouquins

Chloé Morin a commencé sa carrière comme conseillère de Manuel Valls, puis a travaillé sur les études d'opinion. Son apparition fulgurante à la télévision doit beaucoup à Jean-François Achilli qui l'invitait très régulièrement sur son plateau TV des *Informés*, alors qu'elle était sa compagne. Si ce nom vous dit quelque chose, c'est normal, Jean-François Achilli est celui qui a été suspendu par France Info pour avoir travaillé avec Jordan Bardella sur son livre. « Chloé Morin correspond à un profil dont raffole la droite en croisade contre les moulins à vent du "wokisme" : la personnalité qui se dit "de gauche" – sans que ce soit questionné – mais pas "de cette gauche-là", et vient confirmer à un lectorat ou un public déjà réactionnaire ou conservateur leurs opinions et préjugés. C'est un peu comme la figure d'Élisabeth Badinter, brandie contre les féministes d'aujourd'hui par ceux qui pensent que ça commence à bien faire de demander l'égalité », résume Cécile Alduy, professeure de littérature à l'université Stanford[3]. Aujourd'hui, la critique du wokisme est généralisée, à la fois dans des médias identifiés à droite, mais elle existe aussi dans des médias comme *Le Monde*, qui publie par ailleurs régulièrement des articles en défense des minorités.

Écrire sur le wokisme permet d'être régulièrement invité sur les plateaux TV et de publier des livres. Pour certains, cela sauve une fin de carrière en voie de déliquescence. Éric Naulleau notamment, a commencé sa carrière en tant qu'éditeur (il dirigeait *L'Esprit des péninsules*) et critique littéraire (on se rappelle son manuel de littérature parodique rédigé avec le romancier Pierre Jourde). Il est ensuite devenu chroniqueur TV pour Hanouna et Ruquier pendant de nombreuses années, durant lesquelles il s'est peu à peu fortement droitisé, en particulier au contact d'Éric Zemmour. Ayant aujourd'hui perdu sa maison d'édition et toutes ses émissions de tv, il publie désormais des essais antiwoke, dont les médias assurent massivement la promotion.

Les vraies et les fausses victimes

Sur le fond, la critique du wokisme se base sur la dialectique des vraies et des fausses victimes. Au sein d'une intense activité éditoriale sur le sujet, citons notamment le livre de Pascal Bruckner intitulé *Je souffre donc je suis*, dans lequel il écrit : « Le souci des humiliés, telle est la grandeur de l'humanisme. La victimisation comme chantage sur autrui, tel est l'envers de ce progrès. Son stade ultime, c'est l'effacement des vrais malheureux au profit des parias de carnaval dont la seule particularité est de posséder les réseaux et la notoriété qui leur permettent de s'imposer ». Cette dialectique des fausses victimes et des vraies victimes n'est là que pour masquer le fait que les souffrances des victimes indiffèrent les antiwokistes.

Prenons l'exemple des droits des femmes. « Lutte contre les violences faites aux femmes, ne faisons pas du mâle blanc un bouc émissaire », dit Chloé Morin[4]. « Pour moi, le féminisme en tant que combat politique, c'était la libération de la femme de sa sujétion domestique », affirme Eugénie Bastié[5]. « Je trouve étrange que le féminisme se préoccupe davantage des dangers imaginaires que des dangers réels », souligne quant à lui Éric Naulleau[6]. Historiquement, les réactionnaires se sont opposés notamment à leur droit de vote, à leur émancipation de la tutelle de leur mari, à l'IVG (ce qui est encore le cas aujourd'hui pour certains), et aujourd'hui ils poursuivent ce combat en s'opposant au fait qu'elles puissent dénoncer publiquement leurs viols. Les réactionnaires font semblant de considérer que les progrès sociaux précédemment obtenus par les femmes étaient justifiés (alors que leurs prédécesseurs s'y opposaient), pour mieux dénoncer le fait que les combats qu'elles mènent aujourd'hui seraient inutiles, voire néfastes, car elles auraient déjà atteint l'égalité. Dans leur discours actuel, les femmes qui n'avaient dans le passé pas le droit de vote étaient des victimes, mais celles qui s'opposent publiquement à leurs violeurs aujourd'hui n'en sont pas réellement, comme le montre la défense de Polanski, de Depardieu et de PPDA par les essayistes et éditorialistes réactionnaires.

Et au sein des femmes qui affirment avoir subi des viols, une hiérarchie est faite. « Cette idée que des femmes consentent à des relations sexuelles et le lendemain s'en prévalent pour dire qu'elles ont été violées, je trouve que c'est un peu excessif à l'endroit des femmes qui elles se sont faites violer (sic) dans un parking, un couteau sous la gorge », affirme notamment Michel Onfray[7], à propos d'une victime de Gérald Darmanin, oubliant volontairement que 95 % des viols sont réalisés par des proches ou la sphère familiale, et n'ayant apparemment jamais entendu parler des phénomènes d'emprise, des viols surprises, des rapports de subordination, de la notion de consentement. Rappelons de plus que 86 % des plaintes pour agressions sexuelles sont classées sans suite, donc la seule manière pour agir contre les violeurs médiatiques est de les dénoncer publiquement. Ils ne feront quand même malheureusement pas de prison, mais au moins cela pourra avoir un impact (léger en général en réalité) sur leur carrière, c'est bien le minimum. « Qui annule qui ? [...] Les femmes qui dénoncent des violences sexuelles annulent-elles leurs agresseurs, ou bien ceux-ci les ont-ils niées, tout comme la société qui efface, en même temps que le crime, la victime ? Sans doute les voix nouvelles ne sont-elles pas toujours policées ; mais la violence symbolique n'est pas moindre dans l'entre-soi des salons légitimes ou des studios de télévision. », souligne à juste titre le sociologue Éric Fassin[8].

w... ok

Critiquer le racisme, ce serait être raciste

Les pourfendeurs du wokisme s'attaquent également bien sûr aux antiracistes, en considérant que les vrais racistes seraient les racisés dénonçant le racisme dont ils sont victimes et qui a toujours structuré nos sociétés. « Pour les militants "woke", la statue d'un ardent défenseur de l'esclavage ou le "black face" festif d'un homme blanc signent la survivance subtile mais réelle d'une hiérarchie raciale héritée de la traite négrière et de la colonisation. Pour leurs adversaires, cet exercice scrupuleux de vigilance antiraciste mène tout droit à la tyrannie des minorités, voire à un « racisme inversé », résume la journaliste Anne Chemin[9]. Raphaël Enthoven parle justement d'un « racisme au carré », car le wokisme, selon lui « C'est un identitarisme qui indexe la vertu sur la couleur de la peau. Il produit et entretient le racisme en lui offrant le contrepoint d'un jumeau en négatif. » Michel Onfray parle quant à lui carrément d'« *apartheid inversé* » anti-blanc. En gros, pour eux, critiquer trop fortement le racisme dont de nombreux blancs sont coupables, et surtout son caractère systémique, ce serait haïr les blancs et se considérer comme vertueux du fait de sa couleur de peau, et donc être raciste soi-même. C'est l'une des rhétoriques préférées des antiwokistes : les vrais racistes seraient les antiracistes, les antifascistes, les vrais fascistes, etc.

Ce n'est pourtant pas se considérer comme vertueux ni être raciste que d'analyser, objectivement, à quel point les institutions bourgeoises sont en elles-mêmes discriminatoires. L'accès aux logements, à l'emploi, à des postes de responsabilités, les contrôles de police, ne sont pas les mêmes selon que vous êtes racisés ou que vous ne l'êtes pas. Le racisme ne se limite pas à des agressions racistes, physiques ou verbales. Ce sont nos modes de vies tout entiers qui sont orientés, selon que l'on est blanc ou que l'on ne l'est pas. « Le sociologue Fabien Jobard établit ainsi, dans une étude réalisée en 2007-2008 à Paris, qu'un Maghrébin a 9,9 fois plus de risques de se faire contrôler par la police qu'un Blanc, un Noir 5,2 fois plus. Cinq ans plus tard, les économistes Nicolas Jacquemet et Anthony Edo constatent lors d'un "testing" que malgré un – faux – CV parfaitement identique, "Pascal Leclerc" obtient deux fois plus d'entretiens d'embauche que "Rachid Benbalit" », résume Anne Chemin.

bo

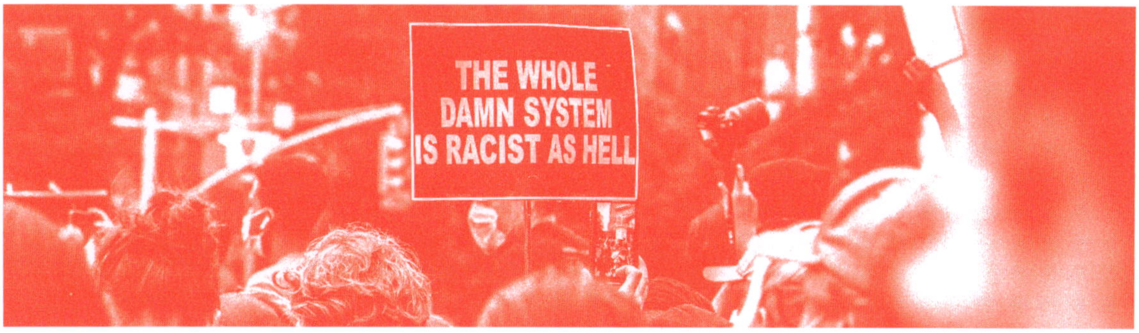

Des institutions bourgeoises en elles-mêmes racistes

À partir de la fin de la Seconde Guerre mondiale, dans les propos publics, l'idée d'une infériorité raciale des noirs, des juifs ou des Arabes s'est faite moins répandue, et s'est peu à peu cantonnée aux sphères d'extrême droite. Les mouvements antiracistes des années 1980 type SOS Racisme, avec des slogans comme « touche pas à mon pote », étaient essentiellement basés sur une perspective morale, considérant que le racisme venait de certaines personnes mauvaises, folles ou stupides. L'idée était donc de convaincre les racistes que ce qu'ils pensaient était mal, pour qu'ils changent d'avis. L'immense progrès du mouvement antiraciste d'aujourd'hui, est qu'il s'attaque aux structures mêmes de la société, qui dépasse la subjectivité individuelle. Il est important de considérer le racisme « comme un ordre structurel, intériorisé par les individus, et ne dépendant pas seulement de la mauvaise volonté de quelques-uns », comme le résume le sociologue Alain Policar[10]. Ce sont les normes qui structurent nos sociétés qui sont intrinsèquement racistes et c'est à cela qu'il faut s'attaquer, ce que ne supportent pas les élites médiatiques, car cela remet en cause une grande partie du système qui les fait vivre. Une certaine bourgeoisie a toujours été raciste, car cela servait ses intérêts en donnant une assise idéologique, voire morale, à l'expansion de ses intérêts par l'esclavage, par la colonisation, par la guerre. Ce que les wokes mettent en avant, c'est que le racisme sert aussi ses intérêts dans les structures capitalistes de la société. Dans les entreprises, dans la propriété lucrative des logements, dans la violence de la police à leur égard, c'est la poursuite de la colonisation bourgeoise sur les plus pauvres. Cette colonisation atteint également les esprits, par la culture, par les séries, par les médias. Il est donc normal de s'interroger sur la place qu'on donne aujourd'hui à certaines œuvres.

omer

Un nouveau Maccarthysme?

C'est l'un des sujets sur lesquels les opposants au wokisme sont les plus bavards : la *cancel culture* (ou culture de l'annulation). En souhaitant s'attaquer aux stéréotypes racistes dans les œuvres, dans les textes, dans les discours, les wokistes limiteraient la liberté d'expression. « En France, la gauche a été fortement traumatisée par ce qui est arrivé au mouvement communiste — à savoir 50 ans de déni des crimes du stalinisme alors que les antistaliniens avaient raison. Moi, je pense qu'on est aujourd'hui en France dans une position analogue à celle des communistes d'il y a 50 ou 70 ans, qui, lorsqu'ils osaient parler du goulag, se faisaient traiter d'agents du grand capital. », s'enflamme la sociologue de la culture Nathalie Heinich dans son ouvrage apocalyptique *Le wokisme serait-il un totalitarisme ?* Pourtant, si on regarde précisément les faits, on ne dénombre en France aucun cas ces dernières années de pièces de théâtre ou de films annulés par les pouvoirs publics à cause du racisme, de la misogynie, ou de l'homophobie qu'ils comporteraient. La seule exception, ce sont les pièces de Dieudonné condamné de multiples fois pour antisémitisme, mais cela n'a rien à voir avec les wokistes, les premières interdictions datant de bien avant l'essor de l'utilisation de ce terme.

De toute manière, les pouvoirs publics sont du côté des opposants au wokisme. On se rappelle notamment du Colloque à la Sorbonne organisé par le ministre de l'Éducation de l'époque Jean-Michel Blanquer intitulé « Après la déconstruction : reconstruire les sciences et la culture » et faisant intervenir notamment Mathieu Bock-Côté. On peut évoquer également la pièce *Sur le concept du visage du fils de Dieu*, de Roméo Castellucci, amputée de sa scène finale après des protestations de catholiques intégristes, à l'initiative de la préfecture de la Sarthe. Les pouvoirs publics financent aussi massivement des artistes attaqués à juste titre par les wokistes. L'un des cas les plus flagrants est Roman Polanski accusé de multiples viols, et qui a pu réaliser un film sur l'affaire Dreyfus avec des financements très importants. Le film ne tient d'ailleurs que par son budget, qui lui permet de proposer de belles images, car à part ça, c'est l'équivalent d'un téléfilm sans dimension artistique. Cela ne l'a pas empêché d'obtenir le César de la meilleure réalisation, car le but de cette récompense, comme le financement de ce film, sont un moyen pour le système, et les agresseurs qu'il comprend en son sein, de se protéger entre eux, financièrement et symboliquement.

Congrès du Kominterm (1921) : au centre de la photo, Clara Zetkin, qui fut à la tête de l'Internationale socialiste des femmes, puis de l'Internationale communiste des femmes. À droite, la Suisse Rosa Bloch, membre du secrétariat international aux femmes.

take a woke on

En réalité, les opposants au wokisme peinent à citer des cas réels d'atteinte à la liberté d'expression en France. Il y a certaines réunions publiques qui sont annulées à cause de militants qui s'opposent à leur tenue, mais ça a toujours existé, à droite comme à gauche, tout comme les campagnes de boycotts de certains auteurs. Par exemple, que certains n'apprécient pas que Sylvain Tesson préside le Printemps des poètes ne fait pas de lui une victime d'une quelconque censure. L'opposition aux réunions non mixtes, dont l'organisation démontrerait un sectarisme des wokistes, est aussi assez absurde (Anne Hidalgo a fait annuler un festival en partie réservé aux femmes noires par exemple), elles ont toujours existé dans le mouvement ouvrier. Les jeunesses ouvrières chrétiennes (mouvement catholique de gauche – voire révolutionnaire à ses débuts –) existent depuis 1925. L'internationale communiste comprenait une section réservée aux femmes.

Pourtant, les réactionnaires n'hésitent pas à s'indigner face à ce qui serait une nouvelle Inquisition, selon Mathieu Bock-Coté, ou un nouveau maccarthysme. *César, Depardieu, Bedos... quand le maccarthysme woke menace le cinéma*, ose même titrer Chloé Morin[11]. Dans son article, les seuls exemples de « censure » qu'elle trouve, c'est Amazon qui a cessé la promotion d'une série de Nicolas Bedos suite aux accusations d'agressions sexuelles à son égard (la promotion a cessé, mais la série est bien restée en ligne, on voit que Chloé Morin a une définition très large du mot censure) et les studios qui ne veulent plus financer de nouveaux films avec Gérard Depardieu (mais les anciens continuent à être diffusés).

On a du mal à voir le rapport entre cette « censure woke » et le Maccarthysme subi par les artistes communistes aux États-Unis pendant les années cinquante. « S'il y a similitude, elle est de pure forme : le recours au boycott organisé de telle œuvre, de telle personnalité artistique, politique ou médiatique... Mais le Maccarthysme ne se résume pas aux mises à l'index, ni d'ailleurs à la seule figure de Joseph McCarthy – la Commission sur les activités anti-américaines est créée dès 1938, et présidée par Martin Dies, ségrégationniste et xénophobe », nous explique le romancier Nikos Maurice, qui vient de publier l'excellent roman *Hollywood, les années rouges*, qui se déroule pendant cette période. « Ce qu'on a appelé la "chasse aux sorcières", c'est de la répression politique et policière à l'échelle d'un pays. Et pas seulement contre les communistes. Toute la gauche états-unienne en a finalement payé le prix. Il y a eu des licenciements par dizaines de milliers, des enquêtes, des auditions, des arrestations, des peines de prison... Des lois portant atteinte aux libertés fondamentales ont été votées : le Smith Act en 1940, la loi Taft-Hartley en 1947, entre autres. Rien à voir donc avec le soi-disant "Maccarthysme woke" », nous précise-t-il.

the dark side

Le « wokisme » ressorti pour contester les soutiens

Le wokisme a ceci de pratique que ses contours sont tellement flous qu'il peut être resservi à toutes les sauces. La rhétorique antiwokiste a été ainsi utilisée pour soutenir le génocide commis en Palestine. Par exemple, pour avoir eu la lucidité de douter de la pertinence de la présence de militants soutenant les bombardements israéliens lors d'un rassemblement pour la Palestine, un déferlement médiatique s'est déchaîné contre les étudiants de Sciences Po, jusqu'au Premier ministre Gabriel Attal, qui a affirmé que « Je n'accepterai jamais qu'une fac ou qu'une école devienne la voie d'eau en France du déferlement d'une idéologie nord-américaine qui, sous couvert d'une certaine modernité, prône l'intolérance, le refus du débat, bride la liberté d'expression et les opinions contradictoires. » Le paradoxe est frappant : ce sont les pires atlantistes, défendant systématiquement les intérêts des Américains, qui se plaignent d'une importation en France d'une idéologie américaine, en l'occurrence le wokisme. Par ailleurs, prétendre que s'opposer au colonialisme dans une école ou une fac française serait une importation américaine récente est une aberration. Rappelons-nous par exemple des mobilisations étudiantes pour défendre l'indépendance de l'Algérie. En vérité, ceux qui voient des wokistes partout sont des gens qui ne supportent pas que des racisés défendent leurs intérêts. C'est le vieux fond colonial français qui parle à travers Chloé Morin, lorsqu'elle affirme qu'« il y a un problème à Sciences Po : la moitié des étudiants sont étrangers ».

Les opposants au wokisme fantasment un péril qui n'existe pas, pour mieux asseoir leur domination sur la société. Pendant ce temps, ils ne luttent pas contre la violence sociale et les réelles atteintes à la liberté d'expression aujourd'hui. Ce ne sont pas les wokistes qui ont censuré les affiches de Waly Dia ou Bilal Hassani dans le métro. Ce ne sont pas les wokistes qui ont mis un éditeur de La Fabrique en garde à vue, car il était suspecté d'avoir soutenu des manifestations contre la réforme des retraites. Ce ne sont pas les wokistes qui ont blessé, tué, défiguré les Gilets jaunes par milliers, parce qu'ils osaient contester le pouvoir en place. Ce ne sont pas les wokistes qui ont fait convoquer le syndicaliste Anasse Kazib par la police parce qu'il avait accusé Israël d'être un État sanguinaire. Ce ne sont pas les wokistes qui ont fait annuler les conférences de la juriste d'origine palestinienne Rima Hassan dans les universités. Les autoproclamés opposants au wokisme ont réussi, dans beaucoup d'esprits, à transformer les victimes en coupables, grâce à une propagande culturelle, médiatique, très organisée et financée par les milliardaires qui détiennent les médias en France.

aux Palestiniens

Notre camp social n'a quant à lui pas les moyens de censurer ou d'annuler quoi que ce soit. Mais il n'a pas à baisser les yeux. Être woke ne peut être péjoratif que pour ceux qui s'opposent à l'égalité. Peut-être le temps est-il venu d'assumer le terme woke au même titre qu'une partie de la gauche s'est réappropriée le terme « populisme », alors que son sens, initialement positif, était devenu exclusivement un moyen pour les élites de dénigrer ceux qui s'opposaient à elles. Puisque les bourgeois ont l'air d'avoir si peur du wokisme, soyons le pleinement. « L'idéologie woke est plus difficile à contrer que le communisme », s'inquiète Eugénie Bastié[12]. En effet, en partant du vécu immédiat de la population, de ses conditions de vie concrètes, de son ressenti, de ses émotions, la création d'un réel mouvement woke aurait les moyens de convaincre largement et de créer de belles dynamiques insurrectionnelles. Le terme woke n'est pour le moment qu'une fiction utilisée par les bourgeois pour faire peur. Il est temps de lui donner toute sa consistance et de s'en revendiquer fièrement, pour que leur cauchemar devienne une réalité. ▪

Repris et actualisé depuis l'article « La peur du wokisme ou comment transformer les victimes en coupables », publié le 17 avril 2024 sur le site web de Frustration.

woking progress…

1 *Lire*, décembre 2023.

2 « Notoriété et adhésion aux thèses de la pensée "woke" parmi les Français », Ifop, février 2021.

3 « Chloé Morin, l'essayiste qui exploite le filon de la gauche antiwoke », *Mediapart*, mars 2024.

4 *Figaro Vox*, mars 2023.

5 *Le Point*, mai 2016.

6 CNews, février 2024.

7 LCI, 4 février 2018.

8 *Le Monde*, août 2020.

9 *Le Monde*, janvier 2022.

10 *Le Monde*, décembre 2021.

11 *L'Opinion*, février 2024.

12 *Le Figaro*, octobre 2021.

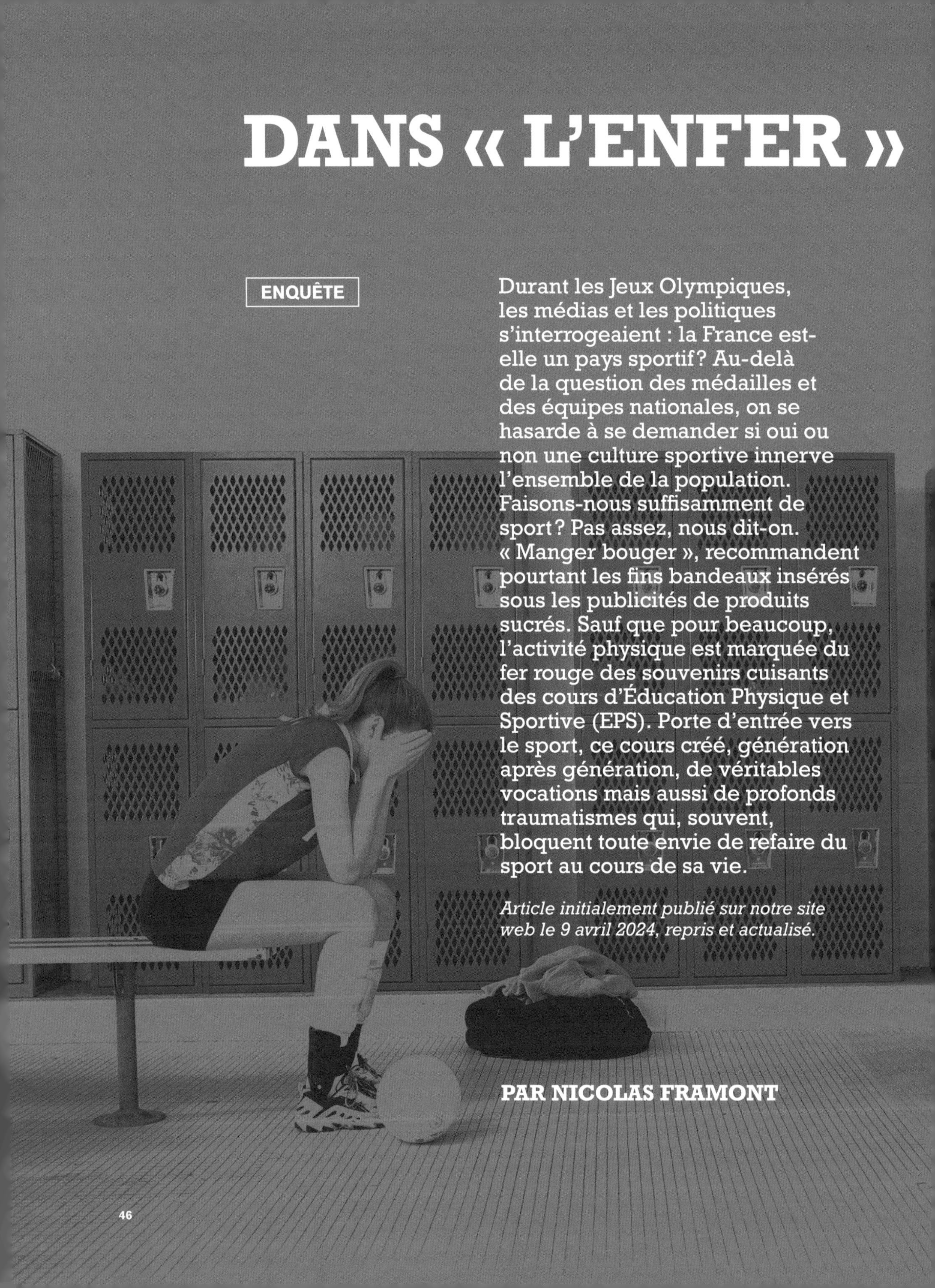

DANS « L'ENFER »

ENQUÊTE

Durant les Jeux Olympiques, les médias et les politiques s'interrogeaient : la France est-elle un pays sportif? Au-delà de la question des médailles et des équipes nationales, on se hasarde à se demander si oui ou non une culture sportive innerve l'ensemble de la population. Faisons-nous suffisamment de sport? Pas assez, nous dit-on. « Manger bouger », recommandent pourtant les fins bandeaux insérés sous les publicités de produits sucrés. Sauf que pour beaucoup, l'activité physique est marquée du fer rouge des souvenirs cuisants des cours d'Éducation Physique et Sportive (EPS). Porte d'entrée vers le sport, ce cours créé, génération après génération, de véritables vocations mais aussi de profonds traumatismes qui, souvent, bloquent toute envie de refaire du sport au cours de sa vie.

Article initialement publié sur notre site web le 9 avril 2024, repris et actualisé.

PAR NICOLAS FRAMONT

DES COURS D'EPS

HUMILIATION ADOLESCENTE ET FORMATION DES ÉQUIPES

Il est 8 h 30 ce lundi matin de décembre 2002. Qu'il est loin l'été rythmé par le tube interplanétaire de Las Ketchup : un épais brouillard flotte autour de ce gymnase fatigué situé dans la périphérie d'une petite ville désindustrialisée. Pour lancer le match de handball dont le professeur vient d'annoncer, à mon grand désarroi, la tenue, la traditionnelle scène de sélection des équipes commence. Le principe est simple : les deux meilleurs de la classe, le plus souvent des garçons, sont désignés par l'enseignant pour choisir, à tour de rôle, un membre de leur équipe. De désignation en désignation, le nombre des personnes assises par terre, attendant son hypothétique tour, se réduit. À la fin ne restent systématiquement que deux ou trois personnes, souvent les mêmes tout au long de l'année scolaire, qui sont l'objet d'un étrange marchandage sous les yeux de l'ensemble des leurs camarades et, fait plus étrange, de leur enseignant. Qui prendra unetelle « qui est grosse » ? Qui prendra untel, qui « a peur du ballon » ? Qui prendra Nicolas, qui est un « tas d'os » et « court comme une fille » ?

Cette scène, je l'ai vécue comme un nombre incalculable de personnes de mon entourage. Même celles et ceux qui ne faisaient pas partie des malheureu·ses se souviennent de ce moment avec un sentiment de terreur et de pitié pour les « derniers choisis ». À force d'entendre cette histoire, de retrouver autour de moi des expériences similaires – être humilié·e pour ses performances, réelles ou supposées, et le plus souvent pour son apparence physique ou sa façon d'être, devant toute sa classe –, j'ai voulu creuser le sujet. Après un appel à témoignage sur les réseaux sociaux et le recueil d'une trentaine d'entre eux, j'ai retrouvé la même histoire chez une bonne moitié des personnes qui m'ont écrit. Cette scène est symptomatique d'une particularité étonnante de nos cours d'Éducation Physique et Sportive : si elle donne un sentiment de puissance à une petite minorité du groupe, à commencer par celles et ceux qui ont l'honneur de choisir leurs équipes, elle crée une perte de confiance massive chez un grand nombre d'élèves, voire des traumatismes qui durent toute une vie. Beaucoup de témoignages font part de difficultés à envisager le sport, des peurs irrationnelles qui surgissent au contact de lieux et d'objets qui rappellent ces moments d'humiliations : ballons, vestiaires, gymnases...

BEAUCOUP DE TÉMOIGNAGES FONT PART DE DIFFICULTÉS À ENVISAGER LE SPORT, DES PEURS IRRATIONNELLES QUI SURGISSENT AU CONTACT DE LIEUX ET D'OBJETS QUI RAPPELLENT CES MOMENTS D'HUMILIATIONS : BALLONS, VESTIAIRES, GYMNASES...

Pour Sonia*, la séquence du choix des équipes en EPS reste une blessure très vive, qui peut la faire pleurer quand elle y repense : « être choisi en dernier, c'est la honte ultime, c'est la preuve que tu ne comptes pas pour les gens qui eux comptent et font la pluie et le beau temps. T'es une merde, et ça se reproduit, inlassablement, à chaque cours de sport, et tu le sais, parce que tu sais que ça va recommencer à chaque fois. [...] L'impact psychologique est énorme, il te donne des envies de disparaître, et parfois de suicide, directement sur le moment. »

Karine* reste écœurée par cette pratique : « Chaque cours de sport collectif commençait par ce message, tu es le maillon faible. Quoi de plus stupide comme message à envoyer à un enfant pour lui apprendre quelque chose ? »

D'une façon générale, des générations de traumatisé·es de l'EPS évoquent un « enfer » (l'expression est utilisée par plusieurs personnes interrogées) où se mêlent sentiment de nullité, humiliation, peur et harcèlement scolaire. « Au collège, l'EPS était une telle source d'angoisses que j'en suis arrivée à vomir », me confie Jessica*.

Nombre de celles et ceux qui associent EPS et traumatisme forment ce qu'une étude du gouvernement datée de 2018 nomme le groupe des « phobiques » et celui des « bloqués » : des gens qui n'arrivent pas à se sentir à l'aise avec une activité sportive à l'âge adulte. L'étude, commandée par France Stratégie, fait le lien avec les cours d'EPS. Elle note la récurrence, chez les sondé·es, de « souvenirs récurrents d'embarras, de moqueries et d'humiliation de la part des autres élèves, avec une forte dimension physique mais aussi parfois sociale, visant notamment les élèves en surpoids, les élèves en difficulté d'un point de vue physique ou sportif, les filles dont le physique était évalué par les garçons [...] dans un contexte de rapport complexe à son propre corps à l'adolescence. » Les témoignages recueillis par France Stratégie critiquent « L'attitude des enseignants, souvent très éloignée de la bienveillance, peu préoccupés des élèves les moins sportifs, ne régulant pas les comportements des élèves et ayant parfois eux-mêmes des comportements discriminatoires ou humiliants. » Bref, le tableau de l'EPS est à première vue peu glorieux.

L'ÉDUCATION PHYSIQUE ET SPORTIVE : UNE AMBITION ÉMANCIPATRICE

Les textes officiels de l'Éducation nationale nous apprennent qu'au lycée, « L'éducation physique et sportive vise à former, par la pratique physique, sportive, artistique, un lycéen épanoui et cultivé, capable de faire des choix éclairés pour s'engager et s'éprouver de façon régulière, autonome et pérenne dans un mode de vie actif et solidaire. » Cette formulation un poil complexe est à l'image de nombreux descriptifs institutionnels de la discipline. Le Conseil Supérieur des Programmes a détaillé cette ambition en plusieurs objectifs, l'un relationnel (il s'agit d'apprendre à vivre ensemble) et l'autre physique et mental : « L'EPS permet à l'élève d'assurer sa sécurité et celle des autres dans la pratique physique, de construire une image et une estime de soi positive. Grâce aux efforts consentis, aux effets bénéfiques éprouvés, aux progrès réalisés, l'élève éprouve le plaisir de pratiquer une activité physique lucide et régulière tout au long de la vie. »

Ce plaisir est effectivement éprouvé par de nombreu·ses élèves, au profil varié. Idris* vient « de classe pop » et par conséquent, son « rapport à l'école et au collège fut assez compliqué. Il ajoute : « la seule discipline dans laquelle j'étais bon était l'EPS. Du coup, il y a une sorte de fierté à être bon dedans alors même que dans les autres matières, c'était une catastrophe (Français / Math / SVT...). On peut dire que je voyais le sport comme une matière redonnant de la fierté au sein de l'institution scolaire. Ça a débouché sur un attrait pour l'ensemble des sports (en tout cas ceux pratiqués en cours) ». Pour Jérémy* l'EPS était devenue « une sorte de défouloir bienvenue quand on reste assis sur une chaise le reste de la journée. » Le contraste entre la discipline scolaire et l'ennui qu'elle génère chez beaucoup de jeunes et l'EPS, où il est permis de crier, de courir et d'utiliser son corps, est relevé par celles et ceux qui performaient durant ces deux heures hebdomadaires.

Pour Alexandre Jaafari, qui se définit comme « coach sportif de gauche », il ne faut pas perdre de vue cette dimension émancipatrice de l'EPS. Elle est, pour beaucoup, un moment de grâce où on sort enfin de l'ennui et de la torpeur physique de la scolarité ordinaire. Ces deux petites heures ne pèsent pas grand-chose face au primat cérébral de l'enseignement classique à la française, et les profs d'EPS en font les frais. « Tout prof d'EPS a subi des plaisanteries en salle des profs sur le fait qu'il est en survêt, qu'il n'a pas de copies à corriger et qu'il est bien payé pour lancer un ballon aux élèves. », rappelle Alexandre Jaafari. Une condition qu'ils partagent avec une partie de leurs élèves. « Les cours d'EPS étaient toujours des revanches des mauvais élèves, souvent des gosses racisés. C'était le moment de montrer qu'ils n'étaient pas les merdes que les profs de maths, français et histoire voulaient faire croire. »

REVANCHE DES CANCRES OU TRIOMPHE DES ENFANTS AISÉS ?

On pourrait alors penser que les deux heures à quatre heures hebdomadaires d'EPS sont finalement le lieu d'une revanche sociale : celle des cancres sur les intellos. Et, par extension, celle des enfants de prolos sur les enfants de bourges.

Ce serait pourtant une analyse simpliste. Car il existe une autre catégorie de gens qui ont eu un rapport enchanté au cours d'EPS : celles et ceux qui étaient à la fois bons en maths, en français... et en EPS. Ceux-là décrochent le jackpot : ils ont la réussite sociale potentielle liée aux bonnes notes dans les disciplines scolaires et l'assurance et la bonne santé physique permise par l'épanouissement sportif. Louise* a toujours été une excellente élève, et « en plus de ça, raconte-t-elle, j'étais très sportive (pratique du basket en club à partir de l'âge de 5 ans et pratique intensive toute l'enfance/adolescence avec championnats régionaux et nationaux). Donc j'étais forte en EPS. Ce n'est pas anecdotique dans mon parcours car je pense que ça m'a permis d'être "l'intello cool": la première de classe et en plus forte en sport, donc bien copine avec les garçons, qu'ils choisissaient pour être dans leur équipe, etc ». Laurie-Anne* a aussi su apprécier pleinement les cours d'EPS durant sa scolarité, mais, précise-t-elle, « j'ai grandi dans une famille bourgeoise type "bourgeoisie culturelle" à Paris. La "règle" était simple, quand j'étais petite, il fallait que je choisisse un sport et un instrument. Du coup j'ai fait du sport en club très jeune et j'ai appris très vite à y trouver du plaisir. »

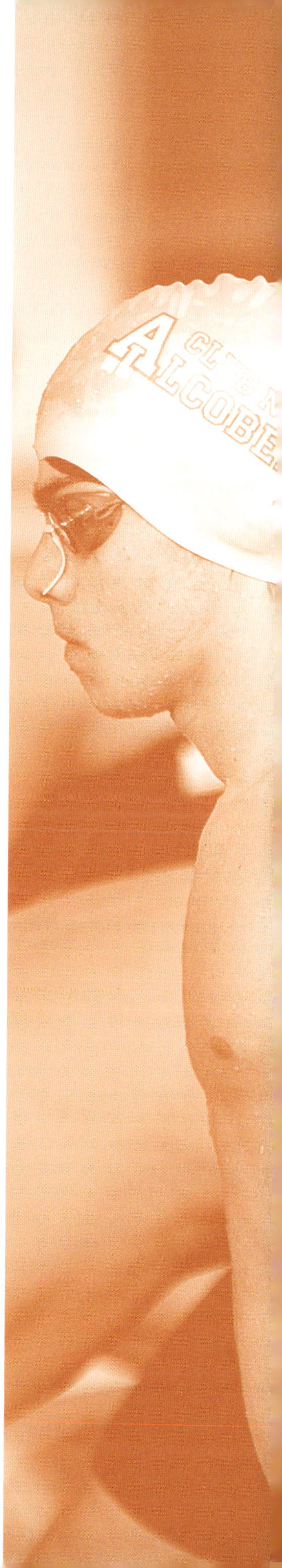

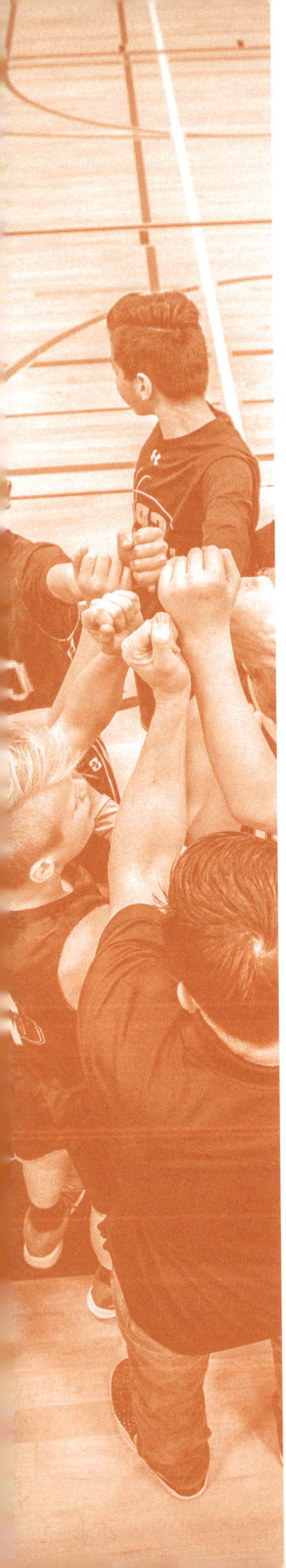

L'étude de France Stratégie est assez affirmative : c'est principalement la pratique du sport dans un cadre périscolaire qui forge un rapport volontaire et décomplexé à la pratique sportive. Le cours d'EPS devient alors un lieu de validation de ses acquis. Ce ne serait pas un authentique lieu d'apprentissage, comme le notent une bonne partie des traumatisé·es qui m'ont écrit, et qui ressentent, pour une part, un sentiment d'injustice encore prégnant : « "ben vas-y cours !", "ben vas-y saute", "yakafokon" dans toute sa splendeur, s'énerve Anna*, aucune pédagogie, sur l'entièreté des cours collège/lycée aucun prof n'a jamais expliqué ce qu'il fallait faire, la technique, le placement du corps etc., soit on savait soit on était des feignasses. Il y avait un gros avantage pour les enfants qui pratiquaient en club ou qui avaient déjà eu des cours au primaire car ils habitaient en ville. »

La pratique du sport en dehors de l'école est inégale : diverses études récentes montrent que plus le niveau de revenu et de diplômes des parents est élevé, plus la pratique sportive des enfants à l'extérieur de l'école est encouragée. Au-delà du coût, qui reste limité, de l'adhésion à des associations sportives, il faut du temps disponible pour organiser les allers et venues des enfants, mais aussi vivre dans un lieu où les infrastructures existent et sont facilement accessibles... Le sport n'est pas non plus, à l'âge adulte, le lieu de la revanche des pauvres : les plus aisé·es le pratiquent bien plus majoritairement que les personnes aux revenus modestes, comme nous le rappelle l'Observatoire des Inégalités.

On pourrait alors attendre de l'EPS qu'elle rééquilibre ces inégalités en donnant à toutes et tous un socle commun pour « désembourgeoiser » la pratique sportive. Mais cela ne semble pas être le cas : comme toutes les disciplines scolaires, l'EPS sanctionne un état de fait, en favorisant celles et ceux qui sont déjà à l'aise du fait de leur milieu socioculturel et en laissant au bord de la route les autres... exactement comme le font les cours de français ou de maths. La seule différence, très significative, réside dans le fait qu'une partie des élèves de classes laborieuses peuvent, pour une fois, rivaliser sérieusement avec les enfants de classe aisée, s'ils ont une pratique sportive parallèle régulière.

DISCRIMINER AU NOM DE « L'ESPRIT D'ÉQUIPE »

La spécificité des traumatismes liés à l'EPS par rapport à ceux qui surviennent dans d'autres disciplines (et qui sont aussi bien vifs) tient à leur dimension corporelle. À un âge clef pour le développement de son corps et l'appréhension de soi, on s'expose aux autres et on se retrouve dans une grande vulnérabilité. Mais tout le monde n'est pas, à cet âge, aussi vulnérable. Pour Sonia*, être une fille dans un cours d'EPS expose d'emblée à des agressions et du harcèlement : pour elle, ces cours étaient pour les garçons, comme pour les autres filles, « l'occasion de te toucher, de t'embêter avec ton corps dans les vestiaires, de se moquer de tes formes, tes boutons, ton corps pas comme les autres, tes cuisses qui grossissent et "bougent" quand tu cours... C'est terrifiant pour l'acceptation de soi. » Les femmes interrogées racontent les freins à leur investissement, avec des stratégies de mise à l'écart, en particulier dans les sports collectifs.

Beaucoup de filles se voient notifier brutalement, au moment de l'adolescence que, finalement, le sport ce n'est pas pour elles. Nombreuses sont les femmes qui témoignent des moqueries rencontrées lors des demandes de dispense : les règles faisaient encore l'objet, il n'y a pas si longtemps, d'un tabou et de remarques de la part des camarades comme des enseignants.

BEAUCOUP DE FILLES SE VOIENT NOTIFIER BRUTALEMENT, AU MOMENT DE L'ADOLESCENCE QUE, FINALEMENT, LE SPORT CE N'EST PAS POUR ELLES.

Pour Sophie Gourion, consultante en gestion de carrière et autrice d'un livre jeunesse sur la socialisation féminine et masculine, il ne faut pas négliger l'impact qu'ont ces humiliations sur la vie professionnelle future. Elle m'a raconté à quel point les années passées en EPS à subir moquerie et dénigrement de la part des élèves comme des enseignants (l'un avait écrit, comme appréciation de conseil de classe « élève lymphatique ») ont forgé chez elle une peur de retarder le groupe, et l'impression de ne jamais comprendre quoi que ce soit. "Au travail, on sait qu'il y a le savoir-faire et le faire-savoir : la façon dont tu habites ton corps fait partie de ce faire-savoir". Ainsi, le manque d'assurance corporelle dont les femmes héritent notamment des traumatismes scolaires a des conséquences sur leur légitimité au travail.

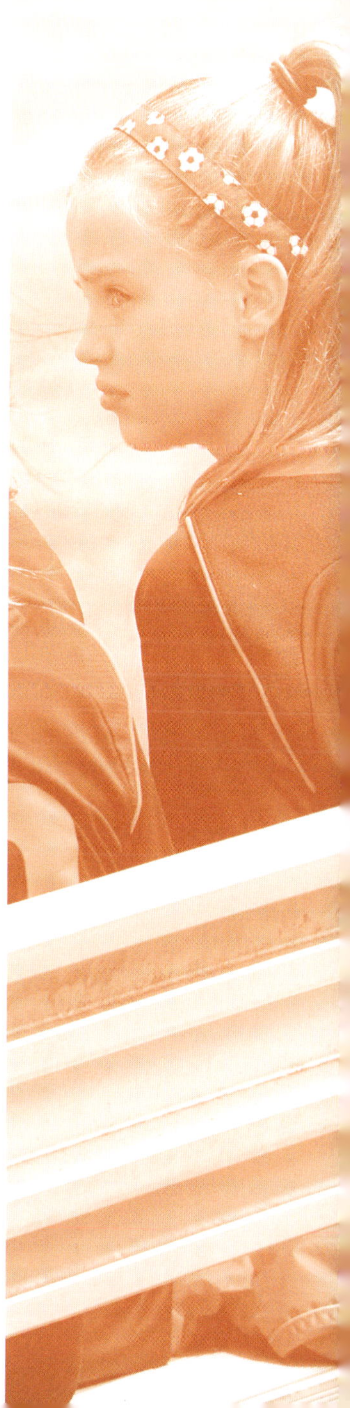

Les remarques grossophobes sont mentionnées par presque l'ensemble des personnes qui ont témoigné pour cet article, quel que soit leur âge. Le surpoids étant perçu comme une source de faible performance sportive, il fait l'objet de moqueries qui sont presque légitimées par le cadre sportif. Si c'est la compétition qui compte, alors pourquoi ne pas déplorer, dans un sport collectif, la présence d'éléments « mauvais », étiquetés comme tels sur la base de leur apparence physique ? Le traumatisme qui entoure les sports collectifs et qui concerne celles et ceux qui, comme moi d'ailleurs, ne peuvent désormais plus voir un ballon en peinture, tient à la scène de sélection d'équipe décrite plus haut – qui classe les corps entre eux – mais aussi au déroulement du jeu : « Dès que je ratais une balle, raconte Julie*, les camarades m'invectivaient et les enseignants renchérissaient en se moquant de moi et m'appelant "l'empotée" ou "l'enrobée". » À 50 ans, Thierry* se souvient encore de ces moments : « Le pire pour moi ? Les sports collectifs, où justement tu DOIS être bon, faire honneur et pas la honte à l'équipe. L'enfer, je vois les mines déconfites quand on était obligé de me prendre dans l'équipe, les mises à la touche, le rôle de spectateur d'un ballon qui passe toujours loin de soi, et tellement tétanisé dès qu'il se rapprochait (mental en mousse). » Un poil dur avec lui-même des décennies plus tard, Thierry pointe une vraie limite des sports collectifs : censés favoriser cet apprentissage du « vivre ensemble » cher à l'Éducation nationale, les sports collectifs, quand ils ne sont pas bien régulés par les enseignant·es, deviennent des lieux de dénigrement social et physique d'autant plus violents qu'ils s'appuient sur un corpus de valeur : la compétition et l'esprit d'équipe, par exemple. C'est presque au nom du « vivre ensemble » que les « gros », les chétifs, les meufs et les pédés, pour le dire cash, peuvent être discriminé·es : ils font perdre leur équipe !

Outre l'organisation de ces fameuses sélections d'équipe, certain·es enseignant·es ont leur part de responsabilité dans cet état de fait, n'hésitant pas à surenchérir ou parfois être à l'initiative des récriminations.

> **« L'EPS N'EST FINALEMENT RIEN D'AUTRE QU'UN CHECK-POINT DE CONFORMITÉ »**

AU VESTIAIRE COMME AILLEURS, L'EPS EST UN « CHECKPOINT DE CONFORMITÉ »

Mais il est un lieu où l'absence des enseignant·es se fait parfois cruellement ressentir : les vestiaires. Pour de nombreu·ses adultes, il est devenu tout simplement impossible de se rendre dans une salle de musculation ou de pratiquer un sport en club en raison de la terreur totale qu'ils conservent à l'égard des vestiaires. Il faut dire que les souvenirs les plus violents y trouvent leur cadre : agressions, moqueries, brimades en tout genre… Là encore, la violence n'est pas aléatoire : le vestiaire est un véritable test de conformité où chacun·e doit « performer son genre », c'est-à-dire montrer aux autres qu'il est une vraie femme ou un vrai homme. Les ados qui découvrent leur bisexualité ou leur homosexualité subissent ce passage obligé de plein fouet, comme le raconte Vincent* : « Quand on s'éveille à la sexualité, en tant qu'homo, les cours d'EPS deviennent un danger. Le vestiaire est le lieu de la peur maladive d'être découvert. D'avoir une érection incontrôlée. D'être identifié et rejeté encore plus qu'avant. » Cette traque homophobe qui s'exerce dans les vestiaires et qui passe par ce contrôle d'érection, je l'ai également bien connue, et je me souviens qu'elle touchait en réalité tout garçon qui ne correspondait pas parfaitement aux codes de la masculinité (c'est-à-dire la majorité des adolescents). L'accusation homophobe servait tant à débusquer les gays qu'à rappeler tous les autres à l'ordre. Théo* se souvient de l'influence qu'a eu sur sa construction adolescente ces scènes de vestiaire. Il estime qu'elles ont contribué à forger chez lui « des dispositions masculines "excessives" pour compenser ces épreuves. Par "excessives", je veux dire grande gueule, attitude dominante, comportement à risque, décrochage scolaire, etc. »

ET SI L'EPS N'ÉTAIT PAS L'ÉCOLE DU VIVRE-ENSEMBLE MAIS L'APPRENTISSAGE DU VIVRE-SELON-LES-NORMES-EN-VIGUEUR, SEXISTES ET HOMOPHOBES ?

« On n'aborde pas non plus toute la question validiste qui règne là dedans, complète Camille*, car on y fait bien comprendre à tout le monde que le seul corps qui peut s'inclure, c'est le corps qui fonctionne dans la norme et avec lequel on est à l'aise. Pas de place pour la différence, pas de place pour la douleur, pas de place pour le doute, le déséquilibre. »

Pour Mathieu*, l'EPS n'est finalement rien d'autre qu'un « *checkpoint* de conformité : le sport est une plateforme d'humiliation pour les pratiquants y étant non-conformes, alors qu'ils en ont, paradoxalement, le plus besoin. Le cours d'EPS est un *checkpoint* de conformité physique, pas un enseignement. Ou sinon, il serait aussi accompagné de cours de diététique. » Ce dernier détail a son importance : à une époque où, depuis le début des années 90, les céréales ultra sucrées de Kellogg's sont devenues la base du petit-déjeuner de tous·tes les adolescent·es, je n'ai pas le souvenir d'une seule considération d'un·e de mes profs d'EPS sur le sujet de l'alimentation.

Le « *checkpoint* de conformité » de l'EPS aurait donc un versant social, puisqu'il favorise les élèves ayant déjà une pratique sportive parallèle, mais aussi un volet politique et normatif : il s'agirait de déstabiliser l'ensemble des enfants différent·es, n'entrant pas dans les bornes étroites de la masculinité, de la féminité et du « corps » sain promu par une République bien conservatrice. À quoi sert donc finalement l'école, si ce n'est à faire le tri ?

UNE PROFESSION QUI SE REMET EN QUESTION ?

J'ai posé la question à plusieurs enseignant·es en EPS : la pratique de la sélection d'équipe par un duo de « bons », souvent des garçons, est-elle encore en vigueur ? A-t-elle fait l'objet de critiques au sein de la profession, vu la façon dont elle est unanimement décriée dans le reste de la population ? Plus largement, les enfants et les adolescent·es des années 2020, dont la santé mentale se dégrade par ailleurs, bénéficient-ils de pratiques pédagogiques plus respectueuses des différences et des sensibilités de chacun·e ?

Pour Pascal, les comportements harcelants ne seraient plus tellement répandus. Pour lui, « l'enfer en EPS » a bien existé, « mais il n'est plus vrai aujourd'hui, sauf exception. J'ai justement été formé dans les années 90. L'EPS travaille beaucoup sur l'aspect "respect", "acceptation des différences". Naturellement, l'exercice physique et la pratique du sport montrent immédiatement les "inégalités" vis-à-vis des prédispositions face à certaines pratiques, certaines compétences, certaines aptitudes... L'EPS est une matière scolaire sensible du fait de l'engagement du corps dans un espace public. Les professeurs d'EPS sont aujourd'hui bien conscients de cela. Dans mes cours, l'homophobie, la grossophobie et toutes les discriminations humiliantes qui me sont rapportées sont immédiatement relayées au professeur principal et à la vie scolaire. Je peux aussi avertir ou sanctionner l'élève moqueur. ». Pascal concède toutefois que des zones d'ombres demeurent : « il existe des espaces ou les moqueries et les humiliations peuvent persister. Je pense aux vestiaires par exemple ».

C'est aussi l'analyse d'Alexandre Jaafari lui-même titulaire d'un master de STAPS, la filière des enseignant·es en EPS. Il est « quasi sûr que les profs d'EPS sont ceux et celles qui ont le plus évolué dans leur pédagogie et enseignement. » Précisément car ils sont les « dominé·es » dans la chaîne alimentaire de l'Éducation nationale et qu'ils subissent aussi des humiliations. Ils sont donc poussés à la réflexion. Qu'en est-il alors de la pratique des sélections d'équipe ? A-t-elle évolué ?

Jacques* estime que cela se fait encore, mais que ce n'est plus une pratique encouragée : « Les "mauvais" profs qui ne préparent pas leur cours font ça. En théorie, à la fac on nous apprend à toujours à faire des équipes de "niveau". Soit homogène en leur sein et entre elles (pour mettre tous les bons ensemble et les faire jouer sur le même terrain avec un contenu moteur spécifique à leur niveau/ et pareil pour les élèves de moins bons niveau). Soit hétérogène en leur sein, mais homogène entre elles (pour faire jouer les moins bon avec les meilleurs et mixer un peu le tout, favoriser l'entraide, etc.). Donc si le prof a la flemme de le faire, il fera des équipes à l'ancienne, en laissant les forts choisir. » L'abandon officiel de la pratique du choix aux « bons » aurait eu lieu dans les

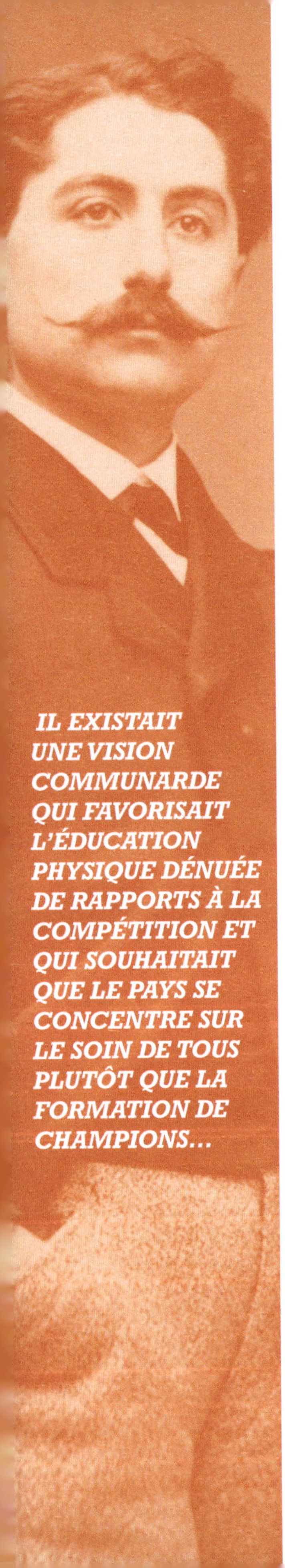

années 2000. Mais cela fait encore un certain nombre d'enseignant·es qui n'ont pas été formé·es à ces nouvelles pratiques, ou celles et ceux qui y tiennent, par facilité. Il faut dire que l'augmentation des effectifs par classe pèse sur les enseignant·es d'EPS comme sur tous·tes les autres : il est plus difficile de lutter contre tous les fléaux que nous avons décrit avec 35 élèves qu'avec 25... En définitive, faire de l'EPS, ou de l'école en général, un « enfer » pour beaucoup, est un choix politique.

COMMENT RECONSTRUIRE UN RAPPORT POSITIF AU SPORT ET À SON CORPS ?

Ce choix a des conséquences sur la santé de la population, ainsi que sur son bien-être. L'étude de France Stratégie montre qu'une part de la population est dégoûtée de toute activité physique et s'en tient le plus loin possible. Ce dégoût a de nombreuses sources, parmi lesquelles les traumatismes liés aux cours d'EPS.

Parmi les personnes qui ont témoigné pour cet article, nombreuses sont celles qui sont parvenues à reconstruire un rapport positif au sport et à y reprendre goût. Certain·es ont pu avoir le déclic au sein même du cours d'EPS. Car il suffit parfois d'un·e seul·e enseignant·e pour que tout change : « Vraiment cette prof a été la meilleure prof de sport que j'ai eue, s'enthousiasme Julie*, toujours dans la critique constructive, dans l'encouragement et davantage centrée sur le dépassement de soi que sur la compétition. Elle m'a permis de remettre en question l'affirmation que je me trimballais depuis petite comme quoi j'étais mauvaise et paresseuse. »

Sonia* aussi a connu LE prof qui fait la différence : « Ce prof, il a même demandé aux "bons" (tu sais, ceux qui constituaient les "équipes") de nous apprendre des trucs et il a basé leur note là-dessus. La nôtre sur nos efforts et notre progression. »

C'est principalement dans la pratique du sport hors du cadre scolaire, à l'âge adulte que le rapport à son corps évolue. « Plus tard, me raconte Thierry*, j'ai découvert l'escalade, le vélo, la rando, la course, la musculation... J'ai compris qu'il n'y a jamais eu aucun problème de sport pour moi, à part un cadre hiérarchique, hyper viriliste, compétiteur, jugeant qui ne me convenait pas. »

Surmonter ses traumatismes sportifs, je l'ai fait aussi, et je ne jure désormais plus que par la pratique sportive tant elle me semble permettre de reprendre confiance en soi et de récupérer une certaine stabilité émotionnelle. Je crois qu'elle permet une forme de camaraderie sportive très épanouissante alors que, lorsque j'étais jeune et complexé, celle-ci me semblait montée de toutes pièces, ridicule ou nécessairement excluante. Je pense vraiment que le sport peut et doit devenir le lieu de l'entraide et de la solidarité et non celui du « vivre-ensemble », ce slogan hypocrite de la République bourgeoise qui consiste à forcer chacun·e à rester à sa place, avec sa honte.

Aux origines de l'EPS, un conflit a opposé une conception « communarde » du sport et une conception « versaillaise » : en 1871 a lieu une guerre civile qui a profondément marqué le pays (et dont on parle rarement). La Commune instaurée à Paris et dans plusieurs autres villes de France est socialiste, ouvrière et expérimente des formes de démocraties directes. Elle est écrasée dans le sang par l'armée formée par le gouvernement provisoire replié à Versailles. Les décennies qui suivent et qui donnent naissance à la République française telle que nous la connaissons sont le lieu d'affrontements politiques entre ce qui reste de la Commune et de son héritage d'un côté et les monarchistes et républicains modérés qui deviennent alliés de circonstances de l'autre. Parmi ces affrontements politiques et idéologiques se trouve la question de l'enseignement du sport à la jeunesse.

D'un côté, il existait une vision communarde qui favorisait l'éducation physique dénuée de rapports à la compétition et qui souhaitait que le pays se concentre sur le soin de tous plutôt que la formation de champions. Et de l'autre une conception plus conservatrice qui voulait conserver une formation sportive basée sur la compétition, venue du monde aristocratique. Dans le premier camp se trouvait Paschal Grousset (page de gauche), qui fut ministre de la Commune de Paris, déporté à Cayenne puis, après son évasion et une période d'exil, député. Il était partisan d'une éducation physique égalitaire, visant à l'entretien du corps de tous. À l'opposé de ces conceptions régnait un certain... Pierre de Coubertin (page de droite). Cet aristocrate conservateur a défendu un sport élitiste, visant la constitution de champions en mesure de s'affronter dans des compétitions internationales comme les Jeux Olympiques dont il est l'un des fondateurs (ou restaurateurs, puisque le principe des JO existait déjà durant l'Antiquité). Il militait pour l'enseignement du sport en milieu scolaire, en affirmant que « dans l'éducation et même plus qu'ailleurs, il y a des inégalités nécessaires. Renonçons donc à cette dangereuse idée d'une éducation égale pour tous ». Paradoxalement, on a retenu de Pierre de Coubertin l'adage selon lequel « l'essentiel, c'est de participer » alors que le plus important pour lui était bien de gagner.

Les cours d'EPS sont héritiers de ce débat qui s'est poursuivi durant tout le xxe siècle et qui a débouché, force est de le constater, sur un compromis. L'emballement actuel de la classe politique autour des Jeux Olympiques montre que la santé publique et l'épanouissement des jeunes restent sacrifiés sur l'autel de la compétition élitiste. La débauche de moyens pour cette grande compétition internationale fait grincer des dents celles et ceux qui aimeraient la restauration ou la construction d'équipements sportifs ou la tenue de politiques de santé publiques ambitieuses.

À rebours de l'excitation olympique de la bourgeoisie, il est possible de promouvoir du jeu sportif, y compris compétitif, en prenant en compte les différences et les inégalités. Le sport peut être bienveillant, drôle, solidaire. Il peut donner de la force, et pas seulement physique. Trop souvent associée aux grandes compétitions et au monde des sponsors et du fric, l'activité physique est parfois injustement dénigrée ou moquée par les partisans d'un monde plus juste. Or, pour changer la société, être bien dans son corps et dans sa tête nous aidera. À quand des salles de sport et des gymnases égalitaristes, où l'épanouissement de chacun·e sera la condition de la réussite de toutes et tous ? ■

* Les prénoms ont été modifiés.

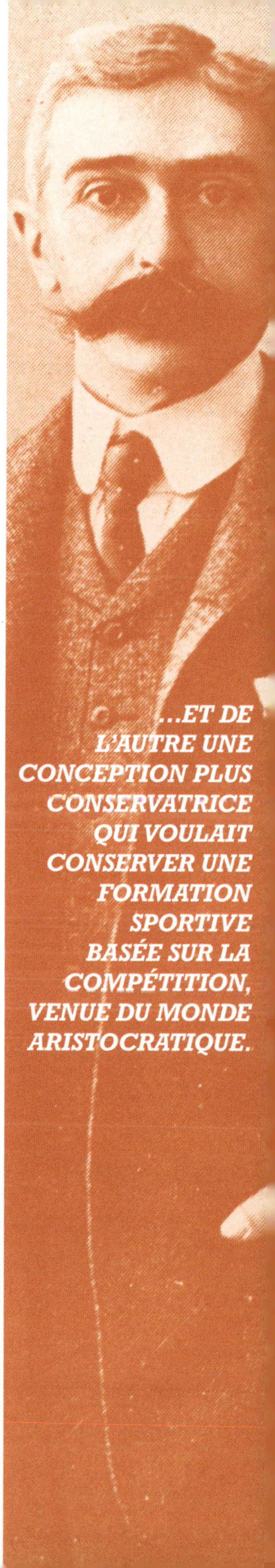

La violence de la charité : un oxymore surprenant, contre-intuitif, mais bien réel et rarement interrogé. La charité, la solidarité, sont des idéaux humanistes, mais aussi des secteurs d'activité professionnelle, qui impliquent des rapports de pouvoir, entre bénévoles, salarié·es et direction, et entre les « aidant·es » et les « aidé·es » (les pauvres, les migrant·es, les toxicomanes etc.) Comment et pourquoi certaines structures caritatives participent aux mécanismes de domination racistes, sexistes, de violence de classe? Il sera question dans cet article d'infantilisation, d'exploitation, des rapports Nord/Sud, de bons et de mauvais pauvres, du traitement réservé aux « bénéficiaires » du caritatif, à partir de faits d'actualité, de témoignages et de partage d'expérience.

INFANTILISATION, EXPLOITATION ET MALTRAITANCE : DE QUI SE FOUT LA CHARITÉ ?

PAR JULIETTE COLLET

Dans *Hier c'est proche*, le rappeur Médine nous dit « Après tout, l'Abbé Pierre a commis le péché de chair [...], comprends que même des humanitaires j'me méfie ». Désormais on sait qu'il ne s'agissait pas d'un simple « péché », mais de violences sexuelles commises en masse, entre autres contre des femmes précaires[1]. Un an avant ces révélations, les dirigeants des communautés Emmaüs du Nord se retrouvaient sur le banc des accusé·es, après des mois de grève et des plaintes pour travail dissimulé et traite d'êtres humains déposées par des compagnons sans-papiers[2], qui dénonçaient aussi un racisme ambiant. En 2015, Gabrielle Dréan avait déjà mis au jour ces pratiques abusives dans son documentaire *Emmaüs: le business de la misère*[3]. On y voit des compagnons exploités, sélectionnés en fonction de leurs aptitudes à travailler, infantilisés, virés en pleine trêve hivernale. On est sous le choc: comment peut-on se dire humaniste et produire autant de violence ?

Il semblerait qu'il y ait un angle mort de notre camp politique quant à ce qui se joue dans les structures caritatives, souvent moralement validées *de facto*, notamment sur la violence envers le public qui peut y être exercée. Comment ces structures agissent dans notre système inégalitaire? Qu'est-ce qui, dans l'organisation de ces structures et dans les représentations que l'on a des personnes « aidées », permet une telle violence envers ces dernières?

« MADAME, SI ON ÉTAIT RACISTES, ON N'AURAIT PAS CHOISI CE TRAVAIL »: L'IMPOSSIBLE DÉNONCIATION DES RAPPORTS DE DOMINATION

En 2020, j'ai travaillé dans un accueil de jour en Seine-Saint-Denis. J'y ai été témoin d'une grande violence, de la part de la direction envers les salarié·es, et de l'équipe envers le public accueilli, majoritairement sans domicile et en attente de papiers.

Par exemple, un jour du mois d'avril, en plein confinement, une dame était venue chercher des couches et du lait. Elle nous a expliqué qu'elle fréquentait notre lieu avant, mais qu'elle avait arrêté de venir car on lui parlait très mal, elle pensait avoir été victime de racisme. Elle n'était pas agressive, elle répondait simplement aux interrogations des collègues. La réponse que lui a donné la direction ? « Madame, si on était racistes, on n'aurait pas choisi ce travail », d'ailleurs, c'est « trop facile de dire que c'est du racisme ». Une fois la dame partie, quelqu'un a lancé « c'est toujours compliqué avec les Maghrébins ». Pour avoir osé partager son ressenti, elle est repartie avec la moitié de ce qu'elle aurait dû recevoir. L'autre partie est restée par terre, cachée, elle ne l'avait pas méritée. Bénéficier d'une aide d'urgence et oser parler de racisme? Quel affront!

Une autre scène: cet homme en fauteuil qui dormait dans la rue, venu chercher un papier, qu'on a fait poireauter, « oui monsieur on a bien compris votre demande mais on va prendre notre temps ». « Il m'insupporte ce type ». J'ai eu envie de tout casser, lui aussi sûrement, mais lui il devait prendre sur lui, sinon il n'aurait rien. Accepter d'être mal traité·e, dans ce cas, c'est une question de survie. Il y a une chose que j'ai apprise en travaillant ici: qu'on pouvait détester les gens et leur demander qu'ils disent merci.

IL Y A UNE CHOSE QUE J'AI APPRISE EN TRAVAILLANT ICI: QU'ON POUVAIT DÉTESTER LES GENS ET LEUR DEMANDER QU'ILS DISENT MERCI.

Dans *Stardust*, livre dans lequel elle raconte son passage en CHRS[4] lorsqu'elle était jeune mère, Léonara Miano raconte des scènes similaires : « La jeune femme se promet d'avoir toutes les qualités requises. Elle se rendra aimable, secourable [...]. Il faut pleurnicher, se faire prendre en pitié. Elle n'aime pas qu'on la rabaisse, qu'on l'infantilise. Ça lui donne le sentiment d'être tenue en joue par quelqu'un qui prétend le faire pour son bien[5] ». Ce livre est bouleversant car il est un témoignage de l'intérieur: l'autrice nous raconte ce que ça fait de devoir dire s'il vous plaît, merci et désolée du dérangement pour avoir accès aux droits humains les plus vitaux, de devoir contenir en soi toute l'injustice de la situation. L'infantilisation, dans la structure où j'étais, était le maître mot. Elle était au sein de l'équipe, quand la direction débarquait dans un bureau, trouvait un collègue au téléphone, lui demandait « qui c'est? » L'infantilisation envers le public. C'est cette mère à qui on a demandé pourquoi elle avait besoin de lait en poudre, elle ne pouvait pas allaiter? La dame, sous la pression des regards sur elle, avait fini par dire qu'elle n'avait pas assez de lait. Cette autre mère, à qui on disait qu'à deux ans son enfant devrait être propre, pourquoi avait-elle besoin de couches? Ce serait bien de profiter du confinement pour que son enfant soit propre.

Nous avions dans cette structure une direction aux orientations libérales, une bonne com', une novlangue immonde, une excellente « relation partenariale avec les financeurs », une grande liberté de martyriser les bénéficiaires et les salarié·es, qui au passage n'étaient ni très bien formé·es, ni très bien payé·es, finissaient par incorporer le racisme, le discours méritocratique, et reproduisaient la violence subie au quotidien sur les personnes les plus pauvres et les plus dominées de la société.

De contre-pouvoir, il n'y en avait pas. Le syndicalisme ne faisait envie à personne, les collègues étaient offensivement anti-manif et anti-grève, personne ne s'était présenté aux élections du CSE, personne n'y comprenait rien.

Une direction aux pleins pouvoirs donc, très similaire à ce qu'on voit dans le documentaire sur les communautés Emmaüs. Une équipe qui subissait, se solidarisait comme elle pouvait, en passant parfois par la maltraitance du public. Public empêché de s'exprimer: la mise en place de groupes de parole leur avait été refusée, parce qu'un bénéficiaire avait dit un jour qu'il ressentait du racisme de la part de la direction. Et ça ce n'était pas entendable « avec tout ce qu'on fait pour eux ». Pourtant, mettre en mots ses ressentis, son vécu, n'est-ce pas (au moins un peu) libérateur? Mais les plus pauvres n'ont même pas droit à la parole. De toute façon, on considérait que ce qu'ils avaient à dire n'était pas très intéressant, et que c'était à nous de leur apprendre des choses, à travers par exemple des ateliers de sensibilisation (comment fabriquer des smoothies à partir de fanes de carottes ou respecter les valeurs de la République).

« LA FAUTE À PAS DE CHANCE » ET « QUAND ON VEUT ON PEUT » : LUTTER CONTRE LES DISCOURS DÉPOLITISÉS PARTOUT OÙ ILS SE TROUVENT

Et si le mépris envers les « accueillis » était ce qui permet de mettre une distance entre *eux* et *nous*? Ce qui permet de ne pas trop s'identifier, de continuer à vivre à peu près normalement quand des personnes, parce qu'elles sont pauvres et majoritairement du Sud, vivent des semblants de vie entre la rue, la faim, la drogue, les violences, les discriminations.

Dans *Sudalisme*, Jérémie Piolat relate l'ethnographie qu'il a menée au sein d'une association d'alphabétisation pour femmes migrantes. Le sudalisme, c'est la manière dont il nomme ce mépris: il désigne les imaginaires et discours sur le Sud. L'auteur montre que les migrant·es, principalement africain·es et arabes, sont très souvent considéré·es dans les structures caritatives comme manquant d'éducation, de culture, comme étant avant tout des personnes « sans » : sans abris, sans papiers, etc. C'est, selon lui, ce qui nous permet de nous dire « qu'il y aura toujours quelqu'un de moins bien loti que nous[6] », ce qui permet à l'Occident de réciter sa fable de la solidarité (nous sommes si généreux avec les malheureux qui n'ont pas eu de bol) et donc du mérite (voyons lesquels d'entre eux saisiront leur chance[7]), ou encore sa fable de « il faut les éduquer à nos *valeurs* supérieures » (car ils partent de zéro). Il montre que les références culturelles, points de vue politiques, stratégies de résistances des femmes accueillies étaient sans cesse disqualifiés. Le sudalisme contribue à la non politisation des rapports Nord/Sud et à la normalisation de l'exploitation et de la maltraitance des migrant·es.

Je pense que nous sommes démunis face à la violence de la pauvreté qui explose, et qu'à défaut d'avoir face à soi les responsables de cette situation, et étant renvoyés à nos conditions de vie plus favorables et à la culpabilité qui y est attachée, il était plus facile d'en vouloir aux gens qui débarquaient en masse dans cet espace humide, moche, où 80 personnes se serraient tous les jours. Plus facile de ne pas les trouver débrouillard·es, de trouver qu'ils manquaient de volonté d'intégration. « [...] On a injecté dans le sang des peuples qu'être Français valait mieux que tout. On s'est déménés pour que les Subsahariens rêvent de France. On leur reproche d'avoir trop obéi »[8].

NE SERAIT-ON PAS PLUS FORT·ES EN NOUS RÉVOLTANT ENSEMBLE, EN CONSIDÉRANT CES « PUBLICS » NON PAS COMME « SANS » MAIS COMME « AVEC » : DES RESSOURCES, DES COLÈRES, DES ESPOIRS, DES REVENDICATIONS?

Le « quand on veut on peut » qui était répété en boucle dans mon association paraissait être une réponse plus facile que de donner de la place à la colère, de la place aux récits qui politisent cette situation. Mais ne serait-on pas plus fort·es en nous révoltant ensemble, en considérant ces « publics » non pas comme « sans » mais comme « avec » : des ressources, des colères, des espoirs, des revendications? En faisant de ces structures non pas des lieux de reproduction et de justification des inégalités, mais de convergence vers le renversement des systèmes de domination.

Je tiens à préciser que les relations dans l'équipe s'étaient améliorées vers la fin de mon expérience, la parole s'était progressivement ouverte sur les agissements de la direction et la souffrance au travail. Mais sans réelle perspective d'amélioration, beaucoup de collègues sont parti·es, j'en ai fait de même.

Les personnes accueillies, elles, n'ont pas le luxe de claquer la porte. On leur dit que le seul luxe qu'elles puissent espérer c'est de la pousser pour bénéficier d'une douche ou d'un repas. En somme, d'espérer avoir accès aux miettes de l'énorme gâteau que l'Occident a fait sur leur dos, et qu'une poignée de parasites a englouti en racontant qu'ils l'avaient mérité. Mobilisons-nous pour que ce discours ne puisse plus être relayé ni admis dans ces structures, et pour que la solidarité ne puisse plus rimer avec la domination. Osons aussi avoir pour horizon politique de voir le besoin de charité disparaître. ▪

1 urlr.me/hC6zY.

2 www.humanite.fr/societe/abbe-pierre/emmaus-peines-avec-sursis-pour-trois-dirigeants-juges-pour-harcelement-et-travail-dissimule-sur-des-sans-papiers.

3 www.dailymotion.com/video/x2ur3uu.

4 Centre d'Hébergement et de Réinsertion Sociale.

5 Léonara Miano, *Stardust*, Grasset, 2022.

6 Jérémie Piolat, *Sudalisme*, Éditions Libres, 2023.

7 Sur le site des communautés Emmaüs, on peut lire « en donnant [...] une seconde chance aux personnes accueillies ». Mais qui a le pouvoir de donner une seconde chance à qui ? Ils n'ont pas su saisir la première?

8 Léonora Miano, *Stardust*, *op. cit.*

ON A LU

Friedrich Engels et Karl Marx
MANIFESTE DU PARTI COMMUNISTE
Éditions Sociales, 2023, 10 €

La pensée révolutionnaire de Karl Marx et Friedrich Engels apparaît dans un contexte historique particulier, marqué par l'industrialisation qui centralise la production, provoque l'urbanisation et concentre toujours plus les moyens de production entre quelques mains.

L'introduction d'Isabelle Garo, spécialiste de Marx, proposée par les Éditions Sociales dans leur édition 2023, permet de revenir sur certains des concepts fondamentaux du marxisme, à savoir la critique de la conception hégélienne de l'État, la redéfinition de l'aliénation et l'élaboration d'une théorie de l'histoire matérialiste. Mais aussi sur le parcours d'Engels, travaillant sur les logiques profondes du capitalisme et mettant en lumière les conditions de travail dégradantes pour la classe ouvrière.

Elle permet de situer le cheminement de pensée dans lequel est publié, en 1848, *Le Manifeste du Parti Communiste*, qui constitue un véritable appel à l'émancipation du prolétariat et souligne l'importance de l'action politique et de la conscience de classe.

Cette édition a également le mérite d'être accompagnée de toutes les préfaces que les deux auteurs ont écrites lors des différentes publications de leur vivant.

Dans la préface de 1872, par exemple, Marx réfléchit à l'expérience de la Commune de Paris s'étant déroulée une année auparavant, montrant que la classe ouvrière ne peut pas simplement s'emparer de l'appareil d'État existant, mais doit viser son renversement.
Cela permet également de voir la façon dont la réception du *Manifeste* a évolué au fil des années. Dans les années 1860, il devient l'œuvre socialiste la plus répandue. Les préfaces ultérieures, notamment celles de 1882 et 1883, témoignent de l'évolution de la pensée de Marx et Engels, rejetant une conception linéaire de la succession des modes de production. Les autres préfaces soulignent des aspects variés tels que la nécessité d'une coopération internationale et une réévaluation des formes sociales traditionnelles.

Découvrir ou relire *Le Manifeste* permet de se familiariser à la critique du capitalisme et de constater la pertinence persistante des idées de Marx et Engels. Il constitue aussi un appel brûlant à l'action politique.

ROB GRAMS

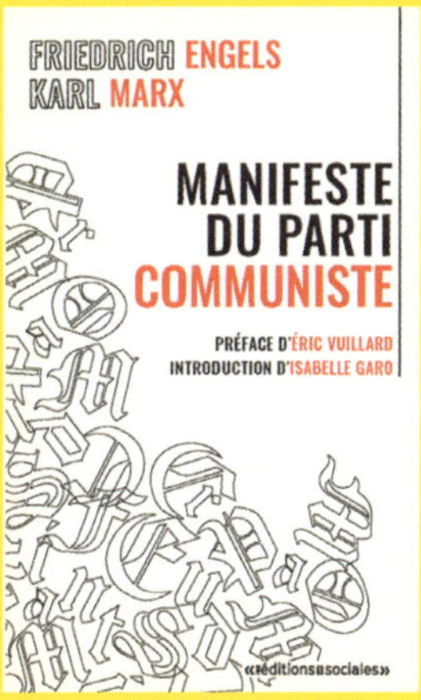

David Harvey
POUR LIRE LE CAPITAL
La ville brûle, 2024, 25 €

« Le communisme n'est pour nous ni un état qui doit être créé, ni un idéal sur lequel la réalité devra se régler. Nous appelons communisme le mouvement réel qui abolit l'état actuel », écrivent Marx et Engels dans *L'Idéologie allemande*, en 1845. Leurs ouvrages sont ainsi des guides pour l'action, grâce à l'analyse constamment renouvelée du réel qu'ils permettent. En particulier, Marx souhaitait que le Capital soit « accessible à la classe ouvrière et [...] cette considération l'emporte sur toute autre », comme il l'écrit en 1872 dans la préface à son édition française.

Malgré ses intenses efforts pédagogiques, lire le *Capital* peut s'avérer difficile pour ceux qui n'ont pas déjà en tête les grands principes des théories de Marx. De nombreux ouvrages existent pour aider à cette tâche. Celui de David Harvey, chef de file de la géographie marxiste, propose une lecture pas-à-pas du livre I du *Capital*, en le complétant par des éléments des livres II et III, des analyses récentes sur les crises du XXIe siècle et de sa spécialité géographique. Comme à son habitude, Harvey est clair et précis et sa lecture est particulièrement plaisante. Il n'hésite pas à faire des développements à partir d'œuvres littéraires méconnues ou à aller sur le terrain des propositions politiques concrètes.

GUILLAUME ETIÉVANT

Kevin Lambert
QUE NOTRE JOIE DEMEURE
Le Nouvel Attila, 2023, 19,50 €

De nombreux romans francophones relatent des itinéraires bourgeois : des vies de cadres absorbés par la contemplation de leurs propres sentiments, face à eux-mêmes. L'histoire du déclin de cette architecte richissime, dont l'existence se voit bouleversée par des accusations de gentrification, aurait pu n'être qu'un énième roman bourgeois.

Mais *Que notre joie demeure* transcende ce cadre : il présente, avec une distance critique et un style proustien magnifique, une galerie de personnages évoluant dans un entre-soi de chefs d'entreprises, de politiciens et d'artistes. L'aspiration égalitaire de l'auteur, le Québécois Kevin Lambert, se fait ici moins directe que dans son précédent ouvrage. Elle émane des descriptions redoutables, tant psychologiques que sociologiques, des possédants, de leurs mondanités, de leur autosatisfaction, de leurs manigances, et de leur ignorance de tout ce qui leur est extérieur.

GUILLAUME ETIÉVANT

Nikos Maurice
HOLLYWOOD, LES ANNÉES ROUGES
éditions du Canoé, 2024, 22 €

Après *L'Infiltré de la Havane*, œuvre qui nous transportait à Cuba quelques mois avant la révolution cubaine, Nikos Maurice tourne son regard vers Hollywood, en pleine période de la chasse aux sorcières maccarthyste, pour y situer son action. Au commencement des années 1950, Harvey Zrodwayne, scénariste d'origine juive et communiste, part rejoindre son frère aîné. Il se trouve alors plongé dans un univers où règne une méfiance omniprésente : agents, psychologues, acteurs, tous peuvent se révéler de potentiels délateurs.

Ce roman, qui repose sur des dialogues souvent empreints d'une grande drôlerie, s'orne de descriptions superbes, et évite avec adresse tous les écueils : il se révèle documenté sans être pesant, érudit sans être condescendant, engagé sans tomber dans l'idéalisme, et ironique sans être cynique. C'est aussi une œuvre qui explore les thèmes de l'amour et de l'amitié. En somme, c'est un roman communiste.

GUILLAUME ETIÉVANT

Pierre Kropotkine
L'ENTRAIDE
Payot & Rivages, 6 €

Pierre Kropotkine est un géographe et explorateur russe, converti à l'anarchisme à la fin du XIXe siècle. Dans cet ouvrage très clair et accessible, il développe une idée passionnante et très enthousiasmante quand on pense, comme nous, que l'humanité n'est pas destinée à l'égoïsme et à la détestation mutuelle que les partisans du capitalisme pensent intrinsèque à sa condition.

Les deux chapitres extraits par les éditions Payot & Rivages sont d'une grande clarté et sont accessibles à des lectrices ou lecteurs novices. Dans le premier, Kropotkine bat en brèche l'idée selon laquelle l'exploitation économique et la mise en place de structures étatiques sont indispensables à la paix et à la prospérité humaine. Il décrit toute une histoire sociale qui a été effacée par les partisans de l'État, qu'ils soient royalistes ou républicains, en décrivant notamment le partage des biens et des ressources constaté dans toute une partie des communautés villageoises d'Europe, avant que les seigneurs puis les États décident de mettre fin à ce système de propriété et décision collective en imposant une division individuelle des parcelles et la nomination ou l'élection de maires.

Pour lui, les structures étatiques ne sont pas la garantie d'entraide et de solidarité, bien au contraire : « À mesure que le nombre d'obligations envers l'État allait croissant, les citoyens se sentaient dispensés de leurs obligations les uns envers les autres ». Ainsi, souligne Kropotkine, on laisse des gens mourir dans les grandes villes alors qu'aucune communauté villageoise du Moyen Âge n'aurait osé les laisser ainsi. « Tout ce qu'un citoyen respectable doit faire aujourd'hui est de payer l'impôt et de laisser les affamés s'arranger comme ils peuvent », dit-il. On envoie nos vieux parents à l'hôpital où ils seront maltraités alors qu'il existait auparavant des systèmes de soins familiaux et communautaires…

Johanna Silva
L’AMOUR ET LA RÉVOLUTION
Textuel, 2024, 21,5 €

Dans ce livre au titre un peu trop léger, Johanna Silva raconte, mêlant analyse et récit, la relation personnelle et professionnelle qu’elle a entretenu pendant plusieurs années avec François Ruffin, charismatique rédacteur en chef du journal *Fakir* puis député. Celle qui fut la responsable administrative du journal, la coréalisatrice de fait du film *Merci patron* et la directrice de cabinet du député raconte les violences psychologiques qu’elle a subies de la part de quelqu’un qui jouit d’une très bonne image dans la population : toujours au côté des petites gens, sociable et jovial, Ruffin s’avère être, dans sa vie personnelle et professionnelle, volontiers méprisant et manipulateur. Johanna Silva pointe deux aspects de la personnalité de Ruffin dont il n’a guère le monopole, mais dont on aurait attendu de sa part qu’il s’en tienne à distance : une très grande division des tâches entre « petites mains » et « génie créateur », qu’il revendique explicitement. Un grand sexisme, qui le conduit à considérer sa compagne comme un personnage secondaire de sa vie, au service de son destin à lui et dont les émotions n’ont guère d’importance à ses yeux.

Le récit et l’analyse de Silva montrent que le féminisme dans la lutte sociale n’a rien de secondaire : c’est ce qui permet d’éviter d’adouber et de valider des personnalités qui écrasent les autres, à commencer par les femmes évidemment, mais pas que. Des militants réellement bienveillants les uns vis-à-vis des autres sont la meilleure garantie de crédibilité politique du projet de gauche qu’ils portent. Dans ce livre passionnant et sensible, Johanna Silva nous rappelle ce qui devrait être une évidence et reste largement piétiné dans ce milieu que beaucoup continuent, légitimement, de fuir.

NICOLAS FRAMONT

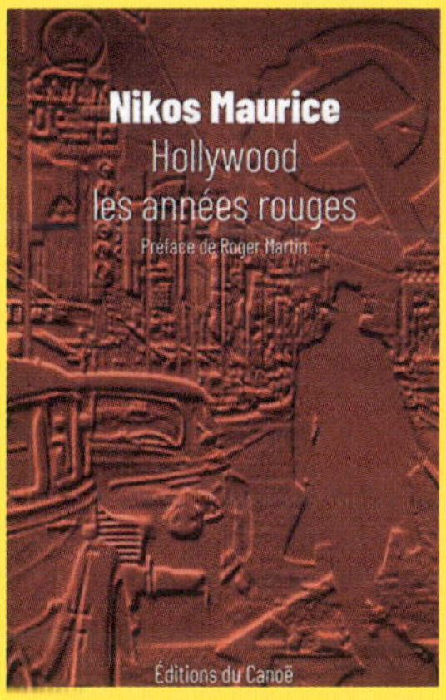

Dans le deuxième chapitre, il expose toutes les organisations de son époque qui reposent sur l’entraide : sociétés de secours en mer, coopératives ouvrières, clubs alpins, organisations sportives… Nous passons beaucoup plus de temps à nous entraider, montre Kropotkine, qu’à nous préoccuper uniquement de nous-mêmes. Depuis, nombre d’exemples qu’il développe ont été dévoyés car marchandisés par le capitalisme : les mutuelles, les loisirs, le covoiturage ou l’échange de maisons ont fait l’objet de reprises en main capitaliste qui ont réduit à peau de chagrin l’héritage solidaire initial.

Kropotkine nous met en garde : cette qualité naturelle de l’espèce humaine, l’entraide, peut-être affaiblie par la culture dans laquelle nous baignons. L’étatisme donc, qui nous demande de payer nos impôts et de nous occuper de nous-mêmes, mais aussi, à son époque, la religion, qui a inventé la charité : « au lieu de l’entraide, que tout sauvage considère comme due à son allié, elle a prêché la charité qui prend un caractère d’inspiration divine et en conséquence implique une certaine supériorité de celui qui donne sur celui qui reçoit ».

L’entraide comme fondement d’une culture égalitaire à bâtir contre le capitalisme : Kropotkine introduit là un concept utile qui n’a rien d’une utopie, mais qui repose sur une caractéristique humaine que les possédants aimeraient nous voir une fois pour toutes abandonner, en vain.

NICOLAS FRAMONT

JEU

Mots croisés

Vertical

1. Une des pires sortes de patron
4. Expérience anarchiste ukrainienne
5. Produire sans patron
8. Les gaucho-chiants n'aiment pas qu'on en porte
10. À bas la…

Horizontal

2. « Catastrophe » ou « désastre » en arabe
3. Vrai nom de la Nouvelle-Calédonie
6. Synonyme de Macron
7. Hollande 2.0
9. La panique morale des réacs
11. Leurs récits nous gonflent un peu…
12. Il revient à la mode
13. L'opium des capitalistes
14. Un traumatisme pour beaucoup d'écoliers

Réponses

1. RESTAURATEUR
4. MAKHNOVTCHINA
5. AUTOGESTION
8. ADIDAS
10. HIÉRARCHIE

2. NAKBA
3. KANAKY
6. DICTATEUR
7. GLUCKSMANN
9. WOKISME
11. TRANSFUGE
12. MARX
13. NUCLÉAIRE
14. EPS

2
Lutter et s’entraider

OSER DOUTER REND PLUS FORT

Olivier Besancenot incarne depuis une vingtaine d'années, tant pour le grand public que pour les mouvements militants, la lutte sans concession contre le capitalisme. Postier de profession, ancien candidat à l'élection présidentielle et membre du Nouveau Parti Anticapitaliste (NPA), il symbolise la continuité des idéaux révolutionnaires dans un contexte marqué par la fascisation du pouvoir et la crise du mouvement ouvrier. Son parcours, ses combats, ses lectures et ses écrits apportent un éclairage précieux sur l'ordre social actuel, et sur les modalités concrètes de son renversement.

ENTRETIEN AVEC OLIVIER BESANCENOT

PAR GUILLAUME ETIÉVANT ET ROB GRAMS

LE RAPPORT AU MILITANTISME

Le thème de ce numéro annuel, c'est « Comment tenir ». Comment tu tiens le coup toi, après toutes ces années de militantisme, comment tu arrives à garder ton énergie apparemment intacte ?

Il n'y a pas de recette magique. Ce n'est pas une question de conscience, car je crois que la conscience on l'a tous, avec des fluctuations selon les périodes et les moments. Le sujet, c'est comment on met en relation sa conscience, avec sa volonté de peser sur la situation ? C'est une question éminemment intime. Il n'y a ni remède, ni recette. En termes de militantisme, la seule chose que je sais, c'est qu'il faut se défier de l'idée que l'engagement est un sprint. C'est plutôt une course de fond, c'est le combat d'une vie. Je convoque souvent la mémoire des anciennes générations, avec des figures précises qui me font dire qu'il y a des gens qui, dans des périodes autrement plus compliquées, ont tenu bon. Quelque part, il y a le prolongement des combats passés dans les combats actuels.

Je pense à des idées que Daniel Bensaïd, notre camarade qui était aussi un philosophe militant, et Michael Löwy[1], que j'apprécie énormément, reprennent chez Walter Benjamin[2]. Ça m'est venu sur le tard, mais j'étais incapable de mettre des mots sur quelque chose qui me parlait : il y a un long cortège de générations qui nous ont précédés, vaincues quelques fois, qui nous accompagnent dans les combats présents. Cela permet de relativiser nos difficultés avec des traductions concrètes dans ce que signifie le militantisme, que je distingue de l'activisme. Tout le monde ne met pas la même chose derrière l'activisme : certains se disent activistes alors que pour moi ils sont militants. L'activisme, à mes yeux,c'est vraiment h24, être sur le fil tout le temps, être présent dans toutes les initiatives, en jouant la surchauffe en permanence, sur le thème : « la gagne grâce au mental ». Ça ne marche qu'un temps, car ça casse autant de gens que ça en fascine, et tu envoies la plupart des tiens dans une essoreuse.

Je pense qu'il ne faut pas avoir peur du doute. Oser douter, paradoxalement, rend plus fort. Quelque soit la forme organisationnelle, qu'elle soit militante ou pas d'ailleurs, il y a mille manières de s'engager, il ne faut pas avoir peur de réfléchir à haute voix.

COMMENT ON MET EN RELATION SA CONSCIENCE AVEC SA VOLONTÉ DE PESER SUR LA SITUATION ? C'EST UNE QUESTION ÉMINEMMENT INTIME.

Tu n'as jamais été tenté d'arrêter ? D'abandonner ?

Si, bien sûr. De m'arrêter complètement non, mais de me mettre en retrait de mon organisation, oui ça m'est arrivé plus d'une fois. Être exaspéré en revanche, ça m'arrive cinq à dix fois par jour. De celui qui passe devant toi dans le métro – pour l'anecdote la plus individualiste et personnelle, qui te fait dire que le socialisme aura quand même de grandes difficultés objectives –, jusqu'à la dégradation évidente des grands rapports de force politiques qui semblent parfois insurmontables. Le fond de ce qui se trame mondialement, parce que c'est quand même à ce niveau que nous sommes confrontés à ces rapports de force, est profondément marqué par des solutions réactionnaires, pour ne pas dire néofascistes, avec des tendances inhérentes qui sont portées par la période.

La phase de mondialisation libérale telle qu'on l'a connue depuis 40 ans est une parenthèse qui s'est refermée. Cette période était une option crédible pour une partie du système capitaliste afin d'éponger certaines de ses contradictions systémiques, et de les neutraliser, jusqu'à la grande crise de 2008-2009. Cette parenthèse se referme et les contradictions rejaillissent encore plus violemment sur le devant de la scène. Ce tournant se traduit par ce que nous sommes en train de vivre : les grandes puissances

AUJOURD'HUI L'EXTRÊME DROITE DICTE L'AGENDA DES THÉMATIQUES MÉDIATIQUES.

économiques jouent toujours la carte de la mondialisation en termes d'économies de marché quand il s'agit que les marchandises s'écoulent mais par contre, quand il s'agit qu'elles rentrent, c'est le retour du protectionnisme et de la compétition entre États, et avec eux du grand retour des impérialismes, celui des États-Unis n'étant pas le seul à sévir dans le monde. Les impérialismes secondaires s'activent également et contribuent au chaos, avec de grandes incidences régionales, y compris l'impérialisme russe. La traduction militaire de ces évolutions, c'est le retour de guerres, qui n'avaient jamais vraiment disparu, mais qui désormais s'intensifient dangereusement. Dans ce contexte, une partie du capital se radicalise ostensiblement et se laisse séduire par l'autoritarisme, le libéralisme autoritaire, voire le néofascisme tout court, une tendance incarnée en France par exemple par quelqu'un comme Vincent Bolloré[3]. Nous allons donc être amenés à vivre dans une période de transition, par nature frustrante, mais qui nous oblige à nous projeter dans une longue phase d'instabilité. Il va falloir donc accepter de douter, de réfléchir ensemble, mais aussi de se positionner de manière différente par rapport à la période précédente.

Au départ, qu'est-ce qui a été le déclic de ton engagement politique ?

Ça date, mais c'est l'antiracisme avec une agression raciste qui a déclenché une mobilisation de quartier. On était plusieurs à se mobiliser dans un collectif antiraciste unitaire mené par SOS Racisme. Le SOS Racisme de l'époque était traversé par de nombreuses contradictions que nous avons découvertes par la suite, mais il y avait une dynamique qui représentait quelque chose malgré tout.

Je voulais changer le monde, et avec mon pote Erim, nous sommes allés discuter avec les militants révolutionnaires qui étaient présents dans cette mobilisation. Il se trouve que c'étaient des militants de la Ligue[4], ça aurait pu en être d'autres, mais c'est eux que nous avons rencontrés. Ce sont eux qui nous ont formés.

C'est aussi pour cela que tout ce qui se passe aujourd'hui me parle. Je constate avec colère et amertume les régressions et tout le chemin parcouru dans le mauvais sens sur ce terrain-là, depuis les années 1980. Bien sûr, il y avait déjà du racisme d'État et une extrême droite forte. Le Pen avait atteint 14 % aux présidentielles en 1988, on a eu tendance à relativiser cette poussée, parce qu'il n'était pas arrivé au second tour, contrairement au traumatisme que représentera par la suite 2002. Tout le travail d'hégémonie politique et médiatique entamé par l'extrême droite n'avait pas encore produit ses effets. Aujourd'hui l'extrême droite dicte l'agenda des thématiques médiatiques. Pour prendre ce seul exemple, je me rappelle notamment d'une bande-annonce sur une chaîne d'infos publiques, pas CNews, pas BFM, à propos des émeutes racistes en Grande-Bretagne. Le bandeau n'indiquait pas « émeutes racistes en Grande-Bretagne » alors que politiquement et juridiquement il s'agissait de cela. Le bandeau indiquait « l'immigration au cœur des émeutes urbaines ». C'est un intitulé d'une violence incroyable. Je me suis pris la tête parce que je me suis dis : celui qui a écrit ça n'est probablement pas un facho avéré, mais simplement quelqu'un qui épouse gentiment l'air du temps. Le dernier rouage d'une cascade en chaîne d'informations qui, de mots en mots, nourrit le discours dominant. Au final, le problème qui aurait donc généré les pillages et les agressions racistes, ce serait l'immigration, et pas des nazillons qui tendent le bras et vont frapper des musulmans. Voilà un autre moment de la journée où j'ai eu envie de casser mon téléviseur.

Ce n'est pas trop dur de concilier ton travail et ton militantisme ?

Non, d'abord parce qu'actuellement je suis en disponibilité de mon métier de guichetier pour réaliser un film documentaire consacré à une organisation révolutionnaire chilienne qui s'appelle le MIR, qui a lutté contre la dictature de Pinochet[5] et qui avait un rapport singulier à l'Unité Populaire de Salvador Allende[6].

Dans notre courant politique, nous avons accueilli beaucoup de réfugiés chiliens et chiliennes et j'ai grandi avec certains de leurs enfants. J'ai fait une formation professionnelle pour pouvoir raconter cette histoire-là. Je vais retourner au Chili pour filmer.

En attendant ce projet, nous avons réalisé un autre film, qui a été projeté pendant l'université d'été du NPA. On l'a fait à l'arrache, filmé au téléphone portable. Mais je suis très fier que nous ayons réussi à raconter cette histoire, celle de *Rouge quotidien.* Avant le NPA, je militais dans une organisation : la Ligue Communiste Révolutionnaire. Elle publiait un hebdomadaire qui s'appelait *Rouge,* que j'ai vendu sur les marchés. Or *Rouge* avait été quotidien entre 1976 et 1979. Et à cette époque, notre journal tutoyait *Libé*. Le film rend hommage à cet épisode de notre histoire politique. Et pour que cette histoire ne disparaisse pas, nous organisons en ce moment même une souscription afin de conserver le bâtiment et l'imprimerie à Montreuil, Rotographie, où était imprimé ce journal.

Aujourd'hui, j'ai donc un rapport au temps différent de celui que j'avais lorsque j'étais à la distri', comme facteur, ou au guichet à Porte de Clignancourt, où j'avais des journées à rallonges, comme n'importe quel militant et militante. Paradoxalement, mon activité professionnelle m'a aussi pendant longtemps protégé d'autres problématiques, comme celles que je redoutais, de devenir « permanent » à vie avec une activité militante professionnelle à 100 %.

Ces dernières années, quelques articles ont été consacrés à la notion de « *burn-out* militant », le trop-plein et la fatigue qui surgissent quand l'engagement politique prend trop de place. Est-ce que cela t'est déjà arrivé ? Est-ce que ce risque de « *burn-out* militant » ne tient pas à distance des gens qui auraient envie de s'engager ?

Sûrement. Cette expression est terrible. Contradictoire avec notre perspective d'émancipation. Cela ne m'est jamais arrivé, à titre personnel, mais je pense qu'il s'agit probablement d'un tabou qu'il faut dorénavant déballer sur la place publique. Quelles que soient les organisations, je pense que personne n'est à l'abri d'un tel fléau. Je ne dis pas que ça n'existait pas avant, ça pouvait probablement déjà être présent dans nos rangs, mais aujourd'hui, le phénomène n'est pas le même. Je pense que comme la situation politique globale est tendue, et complexe, elle pousse à des désaccords qui peuvent être âpres alors qu'ils peinent pourtant à se formuler sur des bases tactiques ou stratégiques.

Je ne saurais pas comment le dire, mais il est vrai que j'ai été parfois témoin, au sein des organisations syndicales ou politiques dans lesquelles j'ai milité, de certaines situations de détresse qu'au boulot je n'aurais jamais toléré en tant que syndicaliste. Au travail, ou ailleurs, ce genre de situations n'est pas admissible et je ne comprends pas pourquoi on s'autoriserait à l'admettre. Surtout dans des structures qui revendiquent l'épanouissement et l'accomplissement humain pour tout un chacun. Nous avons probablement été, en partie, protégés de cela auparavant, mais désormais il y a quelque chose qui a peut-être à voir avec la différence que j'essayais de définir entre l'activisme et le militantisme. Après la campagne présidentielle de 2002, où j'ai été candidat alors qu'au départ nous ne pensions pas avoir les signatures nécessaires, très vite la question s'est posée de ce qu'il fallait que je fasse. Je me souviens des discussions d'alors et des débats sur ce que signifie militer et agir pour un individu, tout en conservant son quant-à-soi, tout en continuant à bosser, voir ses amis, sa famille.

Bref, continuer à mener sa vie et continuer à s'engager. Le militantisme, selon moi, correspond à ce point d'équilibre. L'activisme, c'est autre chose, une forme d'engagement militant dévoyé, culpabilisateur, et au fond profondément élitiste. Un mode d'intervention qui t'oblige à évoluer en surchauffe, en permanence. Ce n'est bon ni pour toi, ni pour l'image que cela renvoie. Le militantisme et l'engagement deviennent alors hors de portée pour le commun des mortels. Or nous nous battons précisément pour que le commun des mortels, c'est-à-dire nous tous et toutes, s'impliquent pour peser sur son propre destin, d'une manière ou d'une autre. Pour moi, militer, c'est prouver dans les faits que sur la base de ton temps libre, tu peux, même partiellement, agir et t'engager, et donc ne pas rester spectateur des évènements, renvoyer cette image-là, montrer qu'il n'y a pas d'un côté la catégorie activiste, celle qui peut être constamment sur tous les fronts, qui est complètement excluante, qui renvoie l'idée que si tu es normalement constitué, si tu n'es pas un *avenger*, tu n'y arriveras pas, et de l'autre côté, tous les autres. Derrière ça, il y a le problème de ce que signifie une organisation. C'est une vision avant-gardiste, très mal dégrossie et très excluante de ce que pourrait signifier la démocratie demain. Dans la démocratie qu'on veut inventer, il s'agit de trouver les cadres qui permettent de réaliser la formule de Rancière[7] : « la démocratie, c'est le pouvoir de n'importe qui ». Personne n'évolue dans des huis clos, dans des corps séparés du reste de la société, on est perméables aux rapports de domination, d'exploitation, parce qu'on ne vit pas dans une bulle. Mais on essaye de les corriger au maximum. Ce qui n'est pas admissible, c'est qu'on reproduise nous-mêmes des choses contre lesquelles on se bat au boulot et dans la société.

L'autre protection à imaginer contre les relations délétères tient au cadre démocratique à maintenir contre vents et marées, un cadre où les désaccords peuvent s'exprimer sur les questions stratégiques, politiques et tactiques. Et qu'on accepte qu'elles puissent se formuler, sinon j'ai l'impression qu'elles peuvent se frayer un chemin de traverse et se cristalliser sur des problèmes de fonctionnement et des problèmes individuels, propices aux diatribes où le ton monte très vite, dans des proportions d'autant plus virulentes que le motif n'est pas directement lié à l'orientation mais à des dysfonctionnements internes. Je ne suis pas le mieux placé pour résoudre ces nouveaux problèmes, mais ce serait une faute de ne pas admettre le phénomène, qui touche toutes les familles politiques, syndicales ou sociales, et même culturelles. Le *burn-out* militant est un véritable sujet.

HISTOIRE DES LUTTES

Tu nous as parlé du documentaire que tu prépares sur le Chili. En 2023, tu as également écrit, en collaboration, avec Michael Löwy, *Le coup d'État du 11 septembre 1973 au Chili*. Qu'est-ce que le Chili nous apprend selon toi ?

C'est une bonne question, parce que j'y pense régulièrement du fait qu'on a écrit ce livre avec Michael et que je réalise en ce moment un film, qui concerne Miguel Enriquez, dirigeant principal du MIR, assassiné le 5 octobre 1974. Il était aussi le compagnon de Carmen Castillo[8], que je connais bien. On a retrouvé récemment un certain nombre de ses écrits qui permettent de comprendre toute la complexité d'une pensée clairement révolutionnaire mais iconoclaste, que tu ne peux pas résumer en un seul mot en « iste ». Il était un marxiste qui s'inspirait du Che, mais aussi du trotskisme ainsi que de certaines idées anarchistes. Il lisait Rosa Luxembourg[9] et Gramsci[10]. Lui

Friedrich Hayek est un des penseurs du néolibéralisme, très favorable à la dictature militaire du Général Pinochet au Chili. Crédit photo : par Original téléversé par DickClarkMises sur Wikipédia anglais.
(Transféré de en.wikipedia à Commons par JohnDoe0007 utilisant CommonsHelper., CC BY-SA 3.0.)

SALVADOR ALLENDE VOULAIT ÉVITER LA CONFRONTATION ARMÉE AINSI QU'UNE GUERRE CIVILE AU PAYS, TOUT EN SOUHAITANT RÉELLEMENT ACCÉDER AU SOCIALISME PAR SA POLITIQUE.

et ses camarades ont également établi à l'époque une relation tout à fait singulière au gouvernement d'Unité Populaire et au président socialiste de Salvador Allende. Ce dernier est l'un des rares cas que je connaisse d'un président sincèrement réformiste, qui voulait éviter la confrontation armée ainsi qu'une guerre civile au pays, tout en souhaitant réellement accéder au socialisme par sa politique. Il revendiquait une option pacifiste pour y parvenir. Il faut avouer qu'on connaît peu d'exemples de présidents socialistes qui ont cherché à tenir leurs engagements et appliquer leurs programmes. Nous le savons, il finira par buter sur ses propres contradictions : il refusera de mener la guerre à une classe qui la lui mènera pour de bon …

Pour autant, durant cette présidence, le Chili a vécu un authentique processus révolutionnaire qui a duré trois ans, de 1970 à 1973, sous le gouvernement d'Unité Populaire, marqué par une profonde effervescence sociale, une ébullition politique, avec une auto-organisation à la base, c'est-à-dire une organisation populaire qui se fait d'elle-même sans injonction qui vienne par le haut, à travers ce qu'on appelait les cordons industriels qui étaient notamment les conseils de travailleurs et travailleuses dans les usines, mais aussi, dans les quartiers et les bidonvilles, des comités pour lutter contre l'augmentation des prix, pour organiser les ravitaillements, les commandos ruraux, etc. Bref, une multitude d'exemples, qui ont surgi de la population elle-même en réaction à la contre-révolution de l'oligarchie chilienne qui a tout fait pour stopper ce processus politique qui se voulait pacifiste et réformiste au départ. Dès la fin 1972, la classe capitaliste organise le *black-out* de l'économie avec une volonté assumée d'affamer la population chilienne. C'est ce qui va obliger ce même processus politique à se radicaliser face à la contre-révolution. Pour reprendre une formule chère à Léon Trotsky[11] – je ne le cite pas tous les jours, je vous rassure – « sous les coups de fouet de la contre-révolution, la révolution est amenée à se radicaliser ». Donc, la dynamique politique qui se voulait « sans révolution » en haut s'est dédoublée d'une autre qui était révolutionnaire à sa base : cet enchevêtrement renvoie aux angles morts des uns et des autres. De fait, tu ne peux pas comprendre un processus politique que par le bas – ce qui est ma culture politique – mais tu ne peux pas non plus la comprendre uniquement par le haut, au risque d'occulter une question fondamentale au cœur de tout projet démocratique : comment le sujet révolutionnaire, un vaste camp social, garde ou non la main sur sa propre émancipation ?

Ma réflexion peut paraître étrange mais je trouve quelques résonances du Chili de l'époque avec aujourd'hui. Sans verser dans le copier/coller évidemment, mais cette séquence nous renvoie, par exemple, aux origines du néolibéralisme autoritaire et fascisant, puisque le Chili, comme vous le savez, a été le laboratoire de toutes les recettes du néolibéralisme et des Chicago Boys[12]. Friedrich Hayek, qui est une grande référence de la pensée du libéralisme, a adoubé Pinochet, ce qui a surpris quand même quelques observateurs en son temps. qui le croyaient démocrate par-dessus tout. Or, celui-ci disait explicitement : « moi je préfère une dictature militaire qui est compatible avec le libéralisme économique plutôt qu'une démocratie qui soit incompatible avec le libéralisme économique ». Cette problématique résonne, je trouve, de nos jours : comment lutter actuellement contre une forme de néofascisme, dans des contextes qui n'ont rien à voir ? Qu'est-ce que ça signifie à gauche ? Qu'est-ce que cela signifie pour nous ? Je me pose actuellement des questions que je ne m'étais jamais posées de cette manière jusqu'à présent.

Miguel Enriquez (1944-1974), ancien dirigeant du Mouvement de la gauche révolutionnaire chilienne (MIR). (Biblioteca del Congreso Nacional, CC BY 3.0 cl.)

Tu as publié un livre qui s'intitule *Que faire de 1917 ? Une contre-histoire de la révolution russe*. Quelles sont les leçons, positives et négatives, que tu tires de cette révolution ?

Il y a de nombreuses choses à en tirer. La révolution russe fait partie de mes références, et c'est cet héritage que j'ai voulu défendre à ce moment-là par cet ouvrage, avec en tête les travaux déjà effectués sur ce terrain par Daniel Bensaïd. La première fois que j'ai vu Daniel, j'avais été très impressionné parce que c'était précisément à l'occasion des réunions publiques organisées par la LCR où, à contre-courant de tout et tous, il tenait à défendre notre part d'héritage de 1917. À l'époque, en 1997, le *Livre noir du communisme* coordonné par Stéphane Courtois, avec pour bande-annonce « Le communisme : 100 millions de morts », remportait un franc succès politique et médiatique . Daniel avait pris sa plume pour écrire une brochure et prenait régulièrement la parole devant des publics parsemés sans jamais rien perdre de son ardeur et de sa rigueur d'analyse, comme marxiste révolutionnaire, antistalinien, assumé.

Daniel insistait pour ne pas tirer un trait d'égalité entre les promesses initiales de la révolution, une révolution autogestionnaire inégalée dans le temps et l'espace, et les trahisons de la contre-révolution bureaucratique intervenue dans les années 1920. Entre ces deux séquences, une rupture était bel et bien intervenue.

Bien sûr, même si ça peut paraître facile de le dire après coup, Daniel n'oubliait pas non plus d'envisager les angles morts, ou les erreurs des révolutionnaires qui, durant cette période, ont rendu possible le fait qu'une contre-révolution bureaucratique finisse par briser les espoirs de millions d'exploités et d'opprimés.

Pour ma part, grâce à lui, je redécouvre Lénine[13] sur le tard. Cela peut sembler paradoxal, mais étant sensible à ce qu'une pensée critique peut nous permettre de réfléchir et d'agir aujourd'hui, je suis aussi bien réceptif à une partie de la pensée libertaire qu'à une partie de la pensée de Lénine. Par exemple, contrairement à ce que beaucoup imaginent, Lénine ne concevait pas le parti politique comme un professeur rouge. Pour lui, le parti n'était pas d'abord utile à hisser le prolétariat à son plus haut niveau de conscience de classe. Ni Lénine ni Trotsky ne pensaient que le prolétariat accédait à la conscience révolutionnaire de manière scolaire, ou pédagogique. La pratique et la lutte des classes, en acte, étaient pour eux école de toutes choses. En revanche, Lénine concevait le parti comme un haut lieu de stratégie politique. Un espace qui permet de penser le temps, ses discordances et surtout la portée de l'événement, lorsqu'il surgit et à travers laquelle le temps d'un instant, s'ouvre une fenêtre de tir éphémère par où, fortes d'une expérience politique accumulée, les forces sociales et politiques peuvent s'engouffrer pour renverser le processus de domination. Cela revient aussi à penser l'autonomie de la question politique : la politique ne se résume pas à politiser les questions sociales, elle cherche à anticiper l'événement qui peut faire bifurquer l'Histoire, ou reconfigurer durablement une société dans ses rapports à elle-même. Un événement, qui ne soit pas qu'une grande lutte sociale, ça peut être l'affaire Dreyfus[14], une guerre coloniale, le Traité Constitutionnel Européen[15], une dissolution, un scandale qui va révéler un peu plus la crise de régime en cours…

Dans la société de demain, sous le socialisme, la politique conservera sa part d'autonomie et ne va pas disparaître. Le socialisme, ce n'est pas simplement la simple « bonne gestion administrative » des choses. Le social, non plus, ne disparaîtra pas, pas plus que les questions de genre, ou encore écologiques. Ce qui signifie que seule une démocratie véritable, comprise comme question stratégique elle aussi, nous garantira de dénouer ces sujets.

La Commune[16], autant que la révolution de 1917, font partie de ces expériences auxquelles je me réfère de manière préférentielle.

LE NOUVEAU PARTI ANTICAPITALISTE (NPA)

Quel bilan aujourd'hui tu pourrais faire du NPA, qui a été créé en 2009 et qui avait pour volonté de renouveler le militantisme, d'élargir la famille politique de la LCR ?

Je ne peux répondre qu'à titre personnel, sachant que je ne suis plus porte-parole du NPA. Je ne suis plus à la direction. Je suis toujours membre du parti, bien sûr. À titre individuel donc, je répondrais que le projet initial n'a pas marché, à l'évidence. Ce bilan-là, critique, j'y pense très régulièrement, vous imaginez. J'essaye de faire la part des choses et cerner les différentes raisons de cet échec, celles qui étaient du domaine des conditions objectives – est-ce que la situation rendait vraiment ce projet réalisable à l'époque ? – et celles qui étaient du domaine des conditions subjectives – les erreurs qu'on a pu faire, que j'ai pu faire, les problèmes d'appréciation, une surévaluation de la situation, des positionnements sectaires, mais aussi des problèmes stratégiques de fond qui perdurent de nos jours.

Le but du jeu n'est de toute façon pas de regarder dans les rétroviseurs, mais de cogiter ce bilan comme un support parmi d'autres et tenter de dénouer la situation présente, dans un contexte qui nous renvoie à ces difficultés et à un dilemme auquel on est toutes et tous confrontés.

Je m'explique. Il y a eu pendant très longtemps, dans les années 1990, des tentatives de recomposition politique, c'est-à-dire d'alliances entre différents secteurs d'organisations déjà existantes pour tenter de faire quelque chose de neuf, une nouvelle organisation, un nouveau mouvement. Ça n'a pas marché. Nous avons aussi essayé autre chose : enjamber les médiations politiques et le restant des organisations existantes en s'adressant directement au grand public, au milieu militant, en disant « maintenant on va faire quelque chose d'entièrement neuf à partir d'un secteur militant qui vous le propose ». Fondamentalement, le pari de fonder le NPA reposait sur cette promesse. La France Insoumise dans son registre a également tenté le coup, c'est un peu l'ambition de Jean-Luc Mélenchon, et ils l'ont fait avec beaucoup plus de succès que nous. Pourtant, ils sont amenés à en revenir aussi. Il existe des limites objectives à chacune de ces tentatives. D'ailleurs, cette contradiction a été résumée par le succès électoral de la France Insoumise en tant que France Insoumise aux présidentielles, et par qui va accoucher aux législatives suivantes la NUPES, c'est à dire une coalition de partis. Donc en fait, quel est le problème ? Il est profond : tu ne peux pas faire du neuf qu'avec du neuf, ni qu'avec du vieux, comme souvent, nous sommes condamnés à naviguer entre deux eaux.

Derrière ce choix cornélien se niche un problème plus substantiel qui nous concerne tous : nous ne sommes pas seulement confrontés à une période de recul politique, de reflux, mais également à une période de délitement

Manifestation contre la réforme des retraites en 2010 (Myrabella / Wikimedia Commons)

et de décomposition du mouvement ouvrier traditionnel sans précédent. Il faut tout reconstruire. Je parle une fois de plus à titre tout à fait personnel : soit on part de l'idée que les outils politiques qu'on a construits jusqu'à présent ne sont plus adaptés à la période et du coup il faut en créer d'autres, soit on ne pense pas ça. Pour moi, il faut construire un nouveau mouvement d'émancipation global, aider les nouvelles générations à faire leurs armes dans cet objectif, dans cette période de transition.

Et dans ce mouvement d'émancipation global, qui comprend les partis, les syndicats, les associations, les collectifs, il faut qu'il y ait un pôle qui soit le plus fort possible, qui soit anticapitaliste, internationaliste, écologiste, féministe et révolutionnaire, dans lequel il y aurait des secteurs sociaux et politiques. Ce pôle ne chercherait pas à se différencier du restant du mouvement, ni à énumérer tout ce qui le sépare du reste pour faire son marché militant, ni à imposer son hégémonie sur le restant, parce que quitte à mener une bataille d'hégémonie, autant la mener sur le reste de la société. Je n'invente pas l'eau chaude, c'est la philosophie du *Manifeste du Parti communiste* de 1848, les phrases d'Engels, de Marx : « les communistes ne forment pas un parti distinct opposé aux autres partis ouvriers », ils se singularisent sur l'internationalisme et l'indépendance de classe, « les communistes sont donc la fraction la plus résolue des partis ouvriers de tous les pays, la fraction qui stimule toutes les autres[17] ». Je pense que c'est là-dedans qu'on doit évoluer.

Maintenant le NPA a pour lui d'être là, toujours là, malgré les fractures, les débats, les discussions. Il paie aussi le prix de ce qu'est un fonctionnement démocratique. Mais il nous rappelle aussi que la démocratie n'est pas un supplément d'âme, elle renvoie aussi au type de société que tu veux, et donc de mouvement que tu voudrais construire immédiatement, et donc le type de Nouveau Front Populaire qu'on voudrait mettre en œuvre maintenant, c'est-à-dire qui ne soit pas piloté que par le haut, où l'on est tous là à attendre que la fumée blanche apparaisse régulièrement du sommet des appareils.
La seule véritable erreur aurait été de ne pas essayer.

NOUS NE SOMMES PAS JUSTE LÀ POUR FAIRE BARRAGE À L'EXTRÊME DROITE MAIS AUSSI POUR OUVRIR DES PERSPECTIVES POLITIQUES.

Ton rapport, et celui du NPA, aux formations social-démocrates, d'abord la France Insoumise, puis le Parti Socialiste avec le Nouveau Front Populaire où on a vu Olivier Faure soutenir la candidature de Philippe Poutou, semble avoir beaucoup évolué. Qu'est-ce qui a motivé ce changement d'approche ?

Ce n'est pas tant notre approche par rapport à la social-démocratie qui a changé, mais la situation avec le surgissement de cette proposition : le Nouveau Front Populaire (NFP). Le NFP n'est pas le Front Populaire de 1936[18], n'est pas l'union de la gauche des années 1980, n'est pas la NUPES : c'est une autre chose. Une des différences, par exemple, c'est qu'on y trouve des associations, des collectifs comme ATTAC[19], Tsedek[20]… ainsi qu'une complicité tacite des syndicats.

J'ai participé au *meeting* de Philippe Poutou à Carcassonne et le *meeting* était improbable, dans le bon sens du terme. Improbable dans ce qu'il rassemblait en termes de secteurs sociaux, associatifs, politiques… Bref des gens qui avaient envie de faire ensemble depuis longtemps. Et pour la première fois, c'est vrai, le NPA participait à cette alliance, alors qu'à une autre époque nous serions restés en dehors. C'en est presque troublant mais intuitivement, et sans désaccords profonds, nous nous sommes tous dit qu'il fallait en être, car l'heure était grave. S'agissant du programme du NFP, nous savons très bien qu'il n'est ni révolutionnaire, ni réformiste radicale mais ces quelques mesures d'urgence permettent d'affirmer que nous ne sommes pas juste là pour faire barrage à l'extrême droite mais aussi pour ouvrir des perspectives politiques, pour donner des objectifs d'actions qui dépassent les échéances électorales.

Nous participons donc au Nouveau Front Populaire, mais en maintenant une double tradition d'unité et d'indépendance. Indépendants, cela signifie que nous maintenons notre singularité politique, tout en étant unitaires. Ce qui a changé, c'est que nous avons repensé la portée stratégique de l'unité et de l'indépendance, car, et quitte à faire « saigner du nez » des organisations de gauche radicale et révolutionnaire, l'unité n'est pas qu'une question tactique. C'est profondément une question politique et stratégique et cela l'a toujours été dans notre camp politique. En effet, chercher à unifier notre camp social, c'est essayer de lui faire accéder à sa propre conscience comme sujet révolutionnaire potentiel en lui donnant confiance par une unité des organisations. Les congrès fondateurs de l'Internationale Communiste[21] sont là pour nous le rappeler. En 1921-1922, les IIIe et IVe Congrès de l'Internationale Communiste voient les révolutionnaires de l'époque, proposer l'unité d'action sociale et politique à la social-démocratie. Et la social-démocratie de l'époque, ce n'est pas un gouvernement PS qui a trahi et qui a fait une politique de droite : c'est une social-démocratie directement responsable de la mort de Rosa Luxembourg et de Karl Liebknecht[22] deux ou trois ans seulement auparavant.

Donc les révolutionnaires de l'époque ne le font pas pour le plaisir de se rabibocher : ils maintiennent leur indépendance mais, face au reflux de la révolution allemande, l'enjeu est de redonner à la révolution et au prolétariat allemand sa confiance. Cela donne une certaine valeur morale de ce qui présidait la pensée politique de ces générations-là et qu'il ne faut jamais oublier.

Inversement, maintenir son indépendance n'est pas être sectaire. Au NPA, contrairement à d'autres organisations de la gauche révolutionnaire ou réformiste, nous n'avons jamais été partisans du tout ou rien : faire croire que tout le monde serait d'accord sur tout le programme, ce qui serait forcément une annonce de façade, ou bien n'être d'accord sur rien et participer à ce que tout le monde se tire dans les pattes. La formule « on peut marcher séparément et frapper ensemble » a une signification pour nous dans cette période. C'est cela qui a présidé le choix que nous avons effectué. Je sais que cela surprend mais je sais aussi que cela crée plein d'enthousiasme. Il faut se vacciner du sectarisme.

Le NPA est un parti qu'on dit trotskiste. C'est quoi être trotskiste en 2024 ? Et qu'est ce qui vous différencie des autres formations de cette obédience ? On pense à Lutte Ouvrière et Révolution Permanente.

Précisément cela : nous ne nous définissons pas comme trotskiste. À ses origines, le NPA s'est fondé à l'appel de la Ligue Communiste Révolutionnaire parce qu'une partie de notre propre milieu ne souhaitait pas endosser ou assumer l'héritage des organisations trotskistes, qui n'était pas le sien. Cette frange, bien que d'accord avec ce que nous faisions et disions, ne se sentait pas légataire de cette histoire-là. À titre personnel, et bien que venant d'une organisation trotskiste, je ne pense pas qu'un seul courant politique, à lui seul, puisse avoir la prétention d'avoir fait la synthèse de toutes les expériences révolutionnaires, d'émancipation, au point d'affirmer « j'ai raison sur tous les autres ».

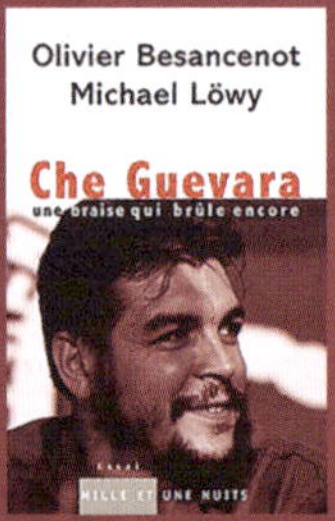

Paradoxalement, c'est d'ailleurs la Ligue qui m'a appris à me forger un esprit critique. Mais il faut dire qu'en réalité, ce n'était pas qu'une organisation trotskiste *stricto-sensu* : quand celle-ci fût fondée, c'était une organisation trotsko-guévariste[23] parce qu'il y avait la volonté de chercher ce que nous appelions les « corps chauds du marxisme », afin de ne pas simplement être renvoyés aux bilans du Kremlin ou de l'opposition de gauche anti-stalinienne (trotskiste) dont nous faisions partie. C'est pourquoi nous regardions du côté de l'Amérique Latine. Nous continuons d'ailleurs d'assumer une partie de cet héritage, mais certains pans de la pensée libertaire me parlent également.

Dans le vaste camp de ce qu'est la gauche révolutionnaire, je considère que toutes les autres organisations que vous venez de citer sont et restent des camarades, quelles que soient nos divergences, embrouilles, engueulades même, que nous pouvons avoir. Dans la période, il faut savoir rester des camarades, ce qui n'empêche pas que chacun fasse son expérience. Je ne fais pas partie de ceux qui vont énumérer tout ce qui me différencie des autres.

Nous essayions de proposer une orientation et des perspectives stratégiques. Mais pour penser humblement la question stratégique, nous devrions plus que jamais essayer de puiser dans le meilleur des expériences révolutionnaires et pas seulement dans une filiation spécifique. Il faut picorer, faire son expérience, avoir des désillusions. Cela peut être rassurant d'imaginer qu'il y aurait un manuel avec la réponse dedans, qu'il suffirait de déployer le drapeau rouge, mais nous sommes en vérité face à des questions et des angles morts profonds qu'il nous faut penser.

Quand je parlais d'une période de délitement, c'est aussi parce que nous payons le poids des désillusions politiques, d'expériences alternatives au système capitaliste qui ont abouti à des tragédies parfois sanglantes, que ce soit dans les pays de l'Est, ou dans ce qu'a donné la social-démocratie dans un autre registre. Nous ne pouvons pas évacuer la question de la démocratie et le rapport au pouvoir. Le rapport au

Trotsky en prison (Petropavlovskaya, 1906)

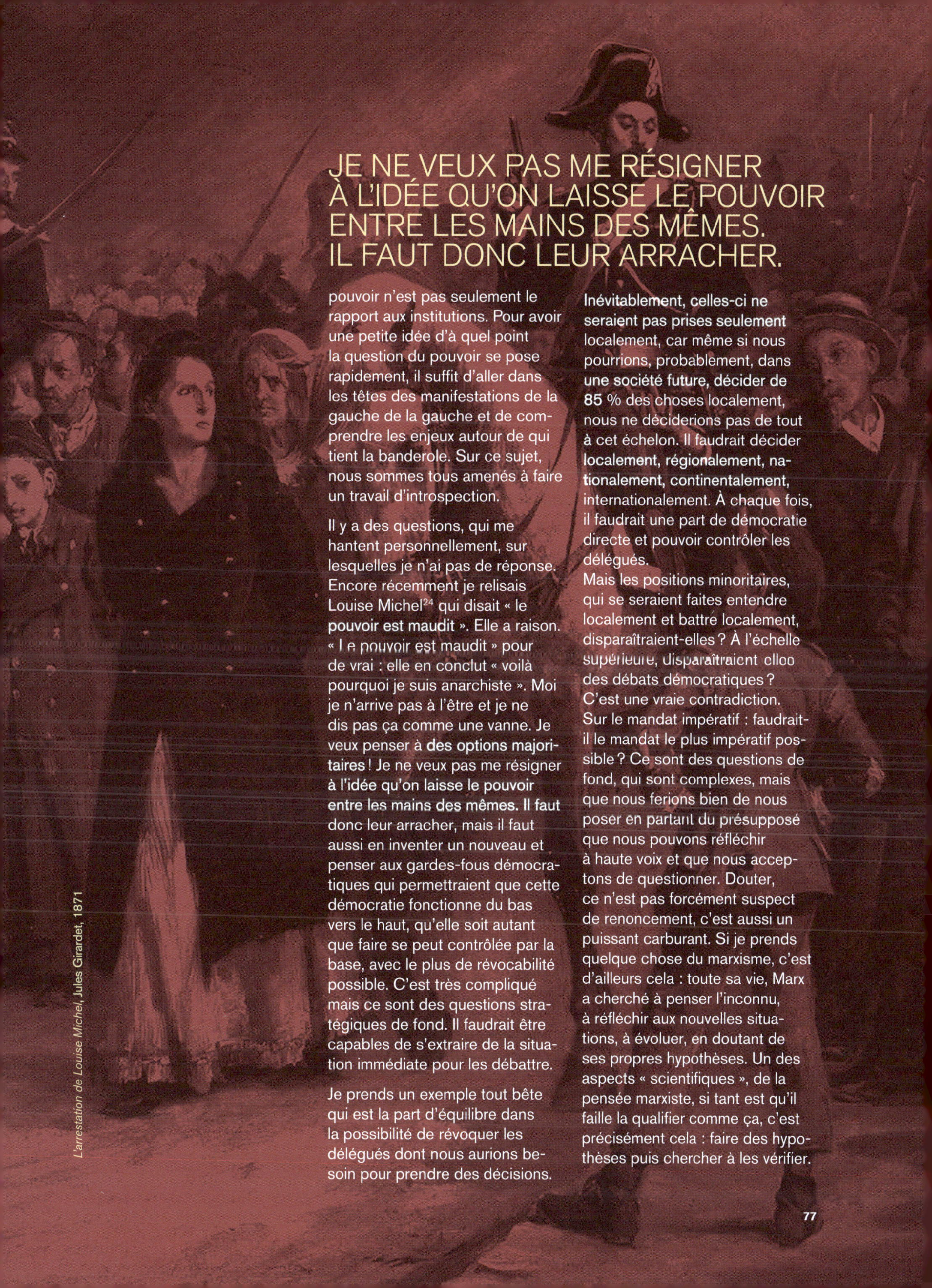

L'arrestation de Louise Michel, Jules Girardet, 1871

JE NE VEUX PAS ME RÉSIGNER À L'IDÉE QU'ON LAISSE LE POUVOIR ENTRE LES MAINS DES MÊMES. IL FAUT DONC LEUR ARRACHER.

pouvoir n'est pas seulement le rapport aux institutions. Pour avoir une petite idée d'à quel point la question du pouvoir se pose rapidement, il suffit d'aller dans les têtes des manifestations de la gauche de la gauche et de comprendre les enjeux autour de qui tient la banderole. Sur ce sujet, nous sommes tous amenés à faire un travail d'introspection.

Il y a des questions, qui me hantent personnellement, sur lesquelles je n'ai pas de réponse. Encore récemment je relisais Louise Michel[24] qui disait « le **pouvoir est maudit** ». Elle a raison. « Le pouvoir est maudit » pour de vrai : elle en conclut « voilà pourquoi je suis anarchiste ». Moi je n'arrive pas à l'être et je ne dis pas ça comme une vanne. Je veux penser à **des options majoritaires** ! Je ne veux pas me résigner **à l'idée qu'on laisse le pouvoir entre les mains des mêmes. Il faut** donc leur arracher, mais il faut aussi en inventer un nouveau et penser aux gardes-fous démocratiques qui permettraient que cette démocratie fonctionne du bas vers le haut, qu'elle soit autant que faire se peut contrôlée par la base, avec le plus de révocabilité possible. C'est très compliqué mais ce sont des questions stratégiques de fond. Il faudrait être capables de s'extraire de la situation immédiate pour les débattre.

Je prends un exemple tout bête qui est la part d'équilibre dans la possibilité de révoquer les délégués dont nous aurions besoin pour prendre des décisions. **Inévitablement, celles-ci ne seraient pas prises seulement** localement, car même si nous pourrions, probablement, dans **une société future, décider de 85** % des choses localement, nous ne déciderions pas de tout à cet échelon. Il faudrait décider **localement, régionalement, nationalement, continentalement,** internationalement. À chaque fois, il faudrait une part de démocratie directe et pouvoir contrôler les délégués.

Mais les positions minoritaires, qui se seraient faites entendre localement et battre localement, disparaîtraient-elles ? À l'échelle supérieure, disparaîtraient elles des débats démocratiques ? C'est une vraie contradiction.

Sur le mandat impératif : faudrait-il le mandat le plus impératif possible ? Ce sont des questions de fond, qui sont complexes, mais que nous ferions bien de nous poser en partant du présupposé que nous pouvons réfléchir à haute voix et que nous acceptons de questionner. Douter, ce n'est pas forcément suspect de renoncement, c'est aussi un puissant carburant. Si je prends quelque chose du marxisme, c'est d'ailleurs cela : toute sa vie, Marx a cherché à penser l'inconnu, à réfléchir aux nouvelles situations, à évoluer, en doutant de ses propres hypothèses. Un des aspects « scientifiques », de la pensée marxiste, si tant est qu'il faille la qualifier comme ça, c'est précisément cela : faire des hypothèses puis chercher à les vérifier.

ÉLECTIONS, SYNDICATS, GILETS JAUNES... QUELLE STRATÉGIE ?

D'une manière générale, quel est ton rapport aux élections ? Est-ce que c'est là que ça se passe ? Est-ce que c'est un outil comme un autre ? Est-ce que c'est une illusion démocratique ? Est-ce qu'un gouvernement Nouveau Front Populaire aurait été une bonne chose ?

Prenons cette discussion de manière pragmatique. Imaginons qu'il faille appliquer ne serait-ce que le quart de la première des mesures du programme en cas de victoire électorale, ce qui devrait être acté et validé par le fait du prince, c'est-à-dire Emmanuel Macron – ce qui est déjà une première contradiction et qui fait que selon moi, ce n'est pas possible dans le cadre de Ve République – mais faisons l'hypothèse que ce serait validé, alors le monde nous tomberait dessus, tout de suite et à bras raccourcis. Quand je dis « le monde » c'est « le monde d'en haut », l'oligarchie, les classes dominantes, les capitalistes...
Le dernier exemple que nous avons c'est la Grèce d'Alexis Tsipras[25]. En une seule mesure de lutte contre l'austérité, nous faisons face à un choix : soit plier, soit se radicaliser sous les coups de la contre-révolution, c'est-à-dire avancer sur des questions que le programme n'a pas encore prévu. Cela pose immédiatement des questions éminemment stratégiques, c'est-à-dire, fondamentalement, des questions de propriété : faisons-nous incursion dans la propriété du droit privé capitaliste pour agir sur le partage des richesses ? Comment taxer les profits ? Comment augmenter les cotisations ? Comment faire pour appliquer le programme sur les services publics, c'est-à-dire comment faire pour s'emparer de la propriété sociale de secteurs sous domination de la propriété privée ?
Nous avons donc décidé d'accompagner le NFP de manière pragmatique plutôt que sur la base de présupposés.

Mais pour répondre aussi à une partie de votre question : je suis un militant révolutionnaire et je n'ai rien renié de tout ça. Une politique d'émancipation ne pourra surgir que sur la base d'un accident. Dans le cadre de la bonne marche du système actuel, selon moi, cet accident viendra d'abord et avant tout de la rue, c'est-à-dire de l'irruption massive de millions de personnes sur le devant de la scène sociale et politique. Mais il peut aussi, et ça je l'ai appris à mes dépens, parce que je n'y croyais pas, éventuellement surgir d'un accident électoral. Je n'y croyais pas du tout il y a encore quinze ou vingt ans. Le fait est que je l'ai appris d'une certaine logique qui a été celle de la France Insoumise de Jean-Luc Mélenchon. Par exemple : les scores à deux chiffres de la gauche radicale, je n'y croyais pas. Moi-même, et c'était un non-dit entre nous, quand je me présentais aux élections, je ne croyais pas à ce que je racontais sur le degré de la crise politique. Voter pour nous servait avant tout à envoyer un message au restant de la gauche. Les gens qui votaient pour nous, qui n'étaient pas des masses mais il y en avait quand même, le faisaient souvent aussi pour cela. Le fait est que Jean-Luc Mélenchon, en jouant cette politique par le haut, nous a renvoyé à un angle mort. Donc il faut aussi réfléchir à ça.

À l'inverse, eux doivent réfléchir à ce qu'un accident puisse venir authentiquement de la rue et qu'ils ne soient pas simplement un supplément d'âme. Ce n'est pas juste accompagner par le discours les luttes quand il y en a,

EN UNE SEULE MESURE DE LUTTE CONTRE L'AUSTÉRITÉ, NOUS FAISONS FACE À UN CHOIX : SOIT PLIER, SOIT SE RADICALISER.

c'est comprendre que l'objectif, quelque soit la forme de l'accident, qu'il soit électoral ou social, c'est d'avoir cette éruption populaire sur le devant de la scène sociale et politique, que ce soit cette éruption qui prenne la main et que cela ne vienne pas du haut.
La crise politique est telle que c'est le bazar dans notre camp, mais c'est le cas partout. Là on est comme des dingues parce que Barnier est nommé Premier ministre, mais du point de vue des classes dominantes, on est toujours dans un très gros bourbier. Barnier sera l'otage de la politique du RN : ce sont des dynamiques qui vont créer des contradictions et il n'y aura pas de stabilité.
Nous vivons une crise de régime, celle de la Ve République, dans laquelle tout peut se passer et pas simplement en termes électoraux.

Affiche de campagne d'Olivier Besancenot à la présidentielle 2002.

Il faudrait une discussion plus substantielle au sein du Nouveau Front Populaire, afin de ne pas simplement regarder vers Matignon ou l'Élysée. Là je vois que le mot d'ordre c'est « Barnier démission », « Macron destitution »... mais ça veut dire quoi ? On veut une nouvelle dissolution ? Une présidentielle anticipée ?... Mais en fait le problème, ce n'est pas Macron, ou en tout cas ce n'est pas QUE Macron : c'est le présidentialisme, c'est la Ve République. Ce qui serait pas mal, c'est que dans le cadre d'une pratique commune au sein du Nouveau Front Populaire, nous soyons amenés à rediscuter, non pas de procédures de destitution, mais d'un processus destituant pour aboutir à un processus constituant, c'est-à-dire à une Assemblée constituante, dans le sens honorable du terme, ce qui a existé dans l'histoire de l'émancipation : une assemblée qui soit démocratiquement élue et qui ait le mandat pour tout redéfinir, toutes les règles du jeu, avec de nouvelles institutions. Nous n'y couperons pas, car sinon nous risquons d'assister à un déblocage par le haut : comme la Ve République ne fonctionne pas, une partie de la classe dominante pourrait souhaiter passer à une VIe, pas celle qu'on envisage, mais la Ve en pire.

LE PROBLÈME, CE N'EST PAS MACRON, OU EN TOUT CAS CE N'EST PAS QUE MACRON : C'EST LE PRÉSIDENTIALISME

Le mouvement syndical n'est pas parvenu à déjouer la réforme des retraites en 2023. Quel regard portes-tu sur les syndicats ? Doivent-ils opérer une remise en question ?

À l'université d'été du NPA, nous avons eu un débat intitulé « Nouveaux horizons sociaux et politiques » avec Murielle Guilbert de Solidaires et Youlie Yamamoto d'ATTAC. Dans un processus de transition, les secteurs sociaux, syndicaux et politiques seront amenés à travailler ensemble tout en respectant l'indépendance et la singularité des uns et des autres.

Le problème, c'est que le mouvement des retraites a été un rendez-vous manqué. C'est la dernière grande lutte antifasciste que nous avons perdue. Le problème de légitimité, le fait que Macron soit usé jusqu'à la corde, carbonisé, était déjà planté dans le décor à ce moment-là. Évidemment, une dissolution durant cette séquence-là n'aurait pas donné les mêmes résultats électoraux. Macron est le premier à le savoir et c'est pour cela qu'il a décidé que la dissolution viendrait plus tard afin d'être sûr de savoir à qui il allait donner les clés de la baraque.

Je continue à penser qu'à ce moment-là, où ça patinait, nous sentions toutes et tous que malgré le nombre, il fallait quelque chose de plus substantiel. Nous aurions au moins pu espérer une rencontre entre la gauche politique et syndicale, tout en restant chacun dans son registre, sans être d'accord sur tout, mais en ayant conscience que l'heure était grave – un peu comme on l'a fait contre le RN – et essayer de faire quelque chose que nous n'avions pas fait jusqu'à présent. Est-ce que ça aurait pu être trois jours de grève générale successifs plutôt que sept étalés sur six mois ? Est-ce que c'était une montée nationale à Paris avec tentative d'occupation ? Est-ce que c'était autre chose ? Je n'en sais rien, le but n'est pas de refaire le film. C'est la responsabilité d'une partie des directions de l'intersyndicale et d'une partie des directions de certains secteurs de la gauche politique qui se regardent en chiens de faïence, qui se renvoient la balle comme dans une partie de ping-pong. Nous avons eu d'un côté un discours de la gauche politique du type « la politique c'est nous, c'est les institutions, c'est la chose sérieuse, vous vous êtes bons pour résister » et du côté de la gauche syndicale, des argumentations sur l'indépendance se référant à la Charte d'Amiens. Mais la Charte d'Amiens n'a jamais affirmé cela : c'est une proclamation d'indépendance syndicale sur des bases éminemment politiques et pas du tout dépolitisantes. C'est l'idée que les partis ne sont plus, en 1906, l'outil pour transformer la société et que c'est donc le syndicat qui va s'en charger sur des bases et des perspectives révolutionnaires. Deux rédacteurs de cette motion sont d'ailleurs tout sauf des modérés puisque l'un est partisan du sabotage et l'autre de la grève générale.

Pour la suite, nous sommes amenés à avoir des convergences. Cela rejoint ce que je disais : nous devons être capables de penser la portée stratégique de l'indépendance et de l'unité. C'est une ligne de crête. Une ligne de crête par nature c'est « casse-gueule », nous pouvons tomber à gauche ou à droite, dans le sectarisme ou dans l'opportunisme, nous pouvons nous mélanger les pinceaux dans le rapport entre le syndical et le politique en voulant retransformer les syndicats en courroies de transmissions des partis ou à l'inverse penser qu'il n'y a plus rien à se dire à cause de ce découpage arbitraire entre le social et le politique, qui est une forme de subordination. Je dis ça humblement, vu ce que nous représentons, c'est-à-dire pas grand-chose, mais il faut quand même espérer que l'électrochoc que nous avons toutes et tous ressenti à la fin du mois de juillet 2024 nous serve pour l'avenir et que nous ne retombions pas dans des vieux travers, chacun de nouveau dans sa ligne de course.

Je sais que ce que je dis peut être un peu bateau mais il faut vraiment une part d'introspection des uns et des autres et se faire violence. Ce n'est pas de gaîté de cœur que nous disons qu'il faut l'unité d'action avec certains. Je n'ai rien oublié de ce qu'une partie de la gauche a comme responsabilité dans la situation actuelle d'un point de vue politique, ni de celle d'une partie du syndicalisme. Donc je pourrais en faire des tonnes, je sais comment ça marche. Tu peux enflammer une partie du public en tirant à boulets rouges, mais ça aussi, ce n'est pas la culture de mon organisation.

Je vais vous raconter une petite histoire. Lors de mes premiers collages militants sur l'antiracisme, j'étais en équipe avec un camarade, mais il y avait aussi des camarades de la Ligue. Autant vous dire que quand nous descendons de la voiture pour coller, la première chose que nous faisons c'est d'arracher scrupuleusement les affiches de toute la gauche qui avait été au pouvoir à l'époque et qui nous avait envoyé ses flics. Les camarades de la Ligue nous ont arrêtés et nous on dit « non, pas besoin de les arracher, regarde il y a plein de place sur le mur ». Nous leur avons répondu, surpris : « Vous êtes sérieux ? », et je me souviens de ce camarade qui me dit : « On n'est pas comme eux ».

Ça paraît anecdotique, mais rue Marx Dormoy, il n'y a pas longtemps je suis tombé sur un jeune, qui scrupuleusement arrachait les affiches de Fabien Roussel sur le thème tout à fait discutable, c'est le moins qu'on puisse dire, que « le nucléaire c'est le bon sens ». Je lui dis « Pourquoi tu fais ça ? ». Il avait l'air surpris et je lui ai ressorti cette phrase : « on n'est pas comme eux ». C'est important, car derrière tout ça il y a aussi ce que peut signifier une société où il y a du pluralisme. Mais ça ce n'est pas gagné à gauche. Nous pouvons extraire des cortèges tous ceux qui ont une part de responsabilité dans ce qui s'est passé, mais est-ce que c'est utile ?

Pendant le dernier mouvement des retraites, quand j'étais sur les points fixes et que je voyais les militants CFDT qui ne sentaient ni la sueur ni le gaz lacrymo, débarquer avec leurs chasubles, j'avais en tête leur position pendant le précédent. Et puis, finalement, j'ai discuté avec plein de militants CFDT de base du privé et c'était très instructif, parfois plus que de discuter avec les énervés de service qui te disent qu'il faut tout brûler.

Ça ne veut pas dire qu'on oublie : avec le PS, nous avons des divergences politiques évidemment majeures, notre orientation et la leur n'est pas la même. Il y a bien des fractures politiques à gauche qui ont un sens.

Les Gilets jaunes ont été le dernier mouvement social d'ampleur à faire céder Macron sur quelques points. Quelle est ta vision de ce mouvement ? Qu'est-ce qu'on peut apprendre de cette période ?

Il faut se rappeler, là aussi, que l'histoire n'est jamais écrite par avance. Les deux premières manifestations de Gilets jaunes auxquelles j'ai participé autour de l'Élysée, je n'en avais jamais faites des comme ça et pourtant j'en avais déjà fait quelques-unes parfois un peu « olé olé »... Mais cette fois-là, il y avait une situation quasiment insurrectionnelle autour de l'Élysée alors que trois mois auparavant, Macron avait gagné contre les étudiants et les cheminots. Il y avait le fameux plan d'exfiltration de l'Élysée, mais il manquait le nombre.

J'y suis allé avec Assa Traoré[26], des militants de quartier, des cheminots, dans cette mobilisation dans laquelle il y avait des vents mauvais, des courants d'extrême droite, mais la lutte des classes n'est jamais chimiquement pure. Il fallait en être. Ce fut un rendez-vous manqué, mais il y a eu une vague de politisation dans des secteurs avec lesquels nous continuons à discuter. Mais là aussi ça ne suffit pas, c'est-à-dire que même dans le renouvellement des luttes, tout le monde est confronté à un plafond de verre.

Acte XIV des Gilets jaunes à Paris (février 2019).
(Thomon — Travail personnel, CC BY-SA 4.0)

Il ne suffit pas seulement que les initiatives viennent d'en dehors des structures pour que cela fonctionne. Il manquait le relai des organisations et le nombre. C'est là que ça a bloqué.

Il y a toujours le syndrome de celui qui a vu la lumière il y a une semaine et qui pense qu'elle brille plus fort, et que seul lui l'a vue, alors que toi ça fait peut-être quinze, vingt ou trente ans que tu l'as déjà vue. Il y avait ça dans le discours antisyndical, qu'on peut comprendre, mais nous avions besoin des syndicats. Il y a beaucoup de généralisations et de théorisations sur le renouvellement des luttes – « maintenant ça ne sera que le neuf ». Mais après les Gilets jaunes, on a eu un mouvement pour les retraites qui dépendait entièrement de l'intersyndicale… Et nous n'avons pas fait la démonstration, vue d'en bas, que nous étions capables de fournir une force apte à contrecarrer tout cela. Quand les bureaucraties syndicales nous répondaient pendant le mouvement : « le bouton magique de la grève générale : montrez-nous où il est ! », nous pouvions leur reprocher de ne pas avoir appelé à bloquer l'économie pour de bon, mais elles avaient beau jeu de nous rétorquer : « mais en fait, il y a du monde dans les assemblées générales ? Il y a de l'auto-organisation ? ». Nous étions confrontés à cela : partout où il y avait des camarades, tout le monde nous le disait : il y avait le même nombre de grévistes que dans les autres grèves, le même nombre de participants dans les cortèges, mais en AG il y avait très peu de monde. À ce moment-là, nous étions dépendants de ce qu'il se passait dans l'intersyndicale, nous voulions déborder, mais nous n'y arrivions pas.

Il faut être sensible et disponible au neuf, quel qu'il soit, même quand ça nous bouscule, quand ça nous dérange, et en même temps ne pas faire de la démagogie et ne pas lâcher la proie pour l'ombre. Ce sont des réponses très générales, mais ça se règle dans la pratique.

Quelque chose d'autre à ajouter ?

Force à vous ! ■

1 Michael Löwy est un sociologue, philosophe marxiste et écosocialiste franco-brésilien né en 1938.

2 Walter Benjamin (1892-1940) est un philosophe, historien de l'art, critique littéraire, critique d'art et traducteur allemand.

3 Vincent Bolloré est un milliardaire français d'extrême droite, industriel et propriétaire de nombreux médias.

4 La Ligue Communiste Révolutionnaire (LCR) était un parti politique, ancêtre du NPA, qui a existé sous plusieurs noms entre 1966 et 2009 et dont Olivier Besancenot fut un des porte-parole et le candidat à l'élection présidentielle de 2002 et 2007.

5 La dictature militaire du Général Pinochet au Chili a duré seize ans, du coup d'État du 11 septembre 1973 jusqu'en 1990 (à la suite d'un référendum).

6 Salvador Allende était un homme politique socialiste, président de la république du Chili de novembre 1970 à sa mort en septembre 1973, après un coup d'État du général Pinochet, appuyé par la CIA.

7 Jacques Rancière (né en 1940) est un philosophe français.

8 Carmen Castillo est une écrivaine et cinéaste franco-chilienne née en 1945.

9 Rosa Luxembourg (1871-1919) était une révolutionnaire communiste allemande et théoricienne marxiste, morte assassinée.

10 Antonio Gramsci (1891-1937) était un philosophe et théoricien communiste italien.

11 Léon Trotsky (1879-1940) était un révolutionnaire et intellectuel communiste, ayant pris une part importante dans la révolution russe. Il est mort assassiné au Mexique par un agent stalinien.

12 Les « Chicago Boys » étaient un groupe d'économistes chiliens des années 1970, formés à l'Université de Chicago et influencés par la pensée néolibérale de Milton Friedman.

13 Lénine (1870-1924) était un théoricien et révolutionnaire russe qui a joué un rôle essentiel dans la révolution russe de 1917.

14 L'Affaire Dreyfus fût une crise politique majeure sous la IIIe République, impliquant un officier français de confession juive dans une histoire d'espionnage. Elle a créé deux camps : les « dreyfusards » et « antidreyfusards ».

15 Le Traité Constitutionnel Européen était un traité européen qui fut rejeté par référendum en France en 2005. Olivier Besancenot était une figure du « Non » à gauche, dénonçant une Europe de marché. Le traité fut finalement remplacé par le Traité de Lisbonne sans l'avis des citoyens.

16 La Commune de Paris (1871) fut une tentative insurrectionnelle qui dura 72 jours jusqu'à mai 1871, où elle fût brutalement réprimée lors de ce qu'on a appelé « la Semaine Sanglante ».

17 Une recension de la dernière réédition du *Manifeste du Parti Communiste* est présente dans la section « On a lu » de ce magazine.

18 Le Front Populaire de 1936 fut une coalition de gauche qui rassemblait le Parti Radical, la SFIO (l'ancêtre du Parti Socialiste) et le Parti Communiste.

19 ATTAC signifie Association pour la taxation des transactions financières et pour l'action citoyenne. Elle est une organisation altermondialiste créée en France en 1998.

20 Tsedek ! est « un collectif de juifs et juives décoloniaux·ales luttant contre le racisme d'État en France et pour la fin de l'apartheid et de l'occupation en Israël-Palestine. »

21 L'Internationale Communiste était une organisation créée en 1919 sous l'impulsion de Lénine et des bolchéviques qui regroupait les partis communistes.

22 Karl Liebknecht (1871-1919) était un communiste allemand, cofondateur avec Rosa Luxembourg, de la Ligue Spartakiste. Il fut assassiné avec celle-ci lors de l'insurrection de Berlin (janvier 1919).

23 Le guévarisme est une doctrine politique marxiste issue de l'action, de la pensée et des écrits du révolutionnaire cubain Che Guevara.

24 Louise Michel (1830-1909) était une militante anarchiste et féministe française. Elle est une des figures de la Commune de Paris (1871).

25 Alexis Tsipras, membre du parti SYRIZA, a été le Premier ministre de la Grèce d'août 2015 à janvier 2015, puis de septembre 2015 à juillet 2019.

26 Assa Traoré est une militante antiraciste française, fondatrice du Comité Vérité et Justice pour Adama qui lutte contre les violences policières. Elle est la sœur d'Adama Traoré, mort en 2016 à la suite de son interpellation par des gendarmes.

ON A JOUÉ

Comment changer la société ? *Victoria 3*, jeu de stratégie le plus marxiste du moment

Dans le mythique *Age of Empire*, la population n'était que de la chair à canon. Dans les *Sim City*, son bonheur ne tenait qu'à l'enrichissement matériel. Dans les jeux de stratégie, il est rare de pouvoir choisir quelle est la fin poursuivie par son action : le plus souvent, les développeurs du jeu l'ont choisie pour vous, dans les limites étroites des horizons possibles du capitalisme, c'est-à-dire la guerre ou l'accumulation.

Victoria 3 est un jeu de stratégie dont j'ai appris l'existence en 2022 : dans la presse généraliste, quelques articles étaient consacrés à un étonnant mouvement de révolte de joueurs estimant que le jeu était trop « communiste ». En effet, dans *Victoria 3*, dont l'action se déroule, sur la base de pays réels, entre 1830 et 1936, on peut accélérer de façon drastique la prospérité de son pays en faisant passer une loi généralisant la reprise en main de toutes ses entreprises par les travailleurs eux-mêmes. Débarrassés du fardeau d'avoir à rémunérer des actionnaires, ces entreprises s'envolent alors en termes de performance et de compétitivité. Un véritable « *cheat code* » (ou « code de triche ») qui faisaient enrager les *geeks* les plus à droite, alors qu'une telle dynamique, en cas de socialisation de l'économie, n'est pas absurde du tout : après tout, dans la France de 2024, les actionnaires coûtent davantage aux entreprises que ce qu'ils rapportent (entre 2000 et 2018, les actionnaires ont émis 245 milliards d'actions nettes et se sont versés 614 milliards d'euros de dividendes). Mais depuis, ce jeu en constant développement a un peu corsé les choses : faire basculer son pays dans le socialisme n'a rien d'évident. En effet, la particularité de *Victoria 3*, c'est que la population est divisée en classes sociales, qui fluctuent avec le temps à mesure que l'appareil productif change. Et au cours du XIXe et début du XXe siècle, la période que l'on joue, il change énormément. Si l'on veut faire progresser les idées égalitaires, il faut par exemple sortir son pays d'un monde paysan majoritaire et favoriser des groupes d'intérêts porteurs d'idéaux politiques. Dans *Victoria 3*, ce sont toujours les mêmes : la petite bourgeoisie, le clergé, les industriels, les ruraux, les forces armées et les syndicats de travailleurs. Non seulement le poids de ces catégories évolue en fonction des secteurs de la société – par exemple, le groupe syndicats de travailleurs n'émerge que si l'industrie se développe – mais leurs idéaux changent en fonction de la diffusion d'idées dans le monde, de décisions politiques que l'on prend (censure et répression radicalisent les courants de pensée, les prestations sociales améliorent le niveau de vie mais assagissent les classes subalternes, etc.), des guerres auxquelles on participe, de la montée ou pas du nationalisme ou du suprémacisme, etc.

Bref, pour atteindre le graal de la République des Conseils, forme radicale de démocratie à la fois politique et sociale, il faut parvenir à influencer le cours de l'Histoire et les rapports de production pour que les travailleurs aient envie de l'atteindre. On ne peut passer des lois de ce genre que si les groupes les plus influents dans la société ne sont pas les plus conservateurs (la petite bourgeoisie et le clergé). Passer en force, c'est risquer la sécession de son armée et de régions entières et finir sa partie plus vite que prévu. *Victoria 3* porte donc une vision ultra matérialiste du changement social, où les décisions politiques seules ne peuvent pas changer la donne.

La multiplicité des paramètres à prendre en compte lorsque l'on joue à *Victoria 3* en font un jeu complexe et extrêmement addictif, qui ravira les amatrices et amateurs du genre.

NICOLAS FRAMONT

Détruit les terres agricoles, exploite, corrompt : bref gère ton McDo.

En 2006 sortait un petit jeu indépendant et altermondialiste, sobrement intitulé ***The McDonald's videogame***, aussi drôle que percutant politiquement.

En 2025, le jeu est toujours jouable et accessible. Téléchargeable gratuitement pour Mac et PC, avec également la possibilité de jouer directement en ligne (ça se passe à cette adresse : www.molleindustria.org/mcdonalds/), il s'agit de gérer son McDo depuis les terres agricoles en Amérique latine, jusqu'au restaurant avec les salariés pressurisés, en passant par l'abattoir et le QG de la chaîne de restaurants pour fomenter des campagnes mensongères afin d'augmenter le profit d'actionnaires toujours mécontents.

À propos de la partie agricole du jeu, le tutoriel nous indique ceci : « Si nous devions élever tout le bétail dont nous avons besoin dans le 1er Monde, nos pays seraient couverts d'herbe et de merdes de vache. Les pâturages et la culture du soja nécessitent beaucoup de terres et l'Amérique du Sud est l'un des meilleurs endroits pour les cultiver. Évidemment, vous devrez conquérir votre terre comme l'ont fait nos ancêtres. »

Les développeurs nous indiquent aussi que toute ressemblance avec des personnes ou des événements réels serait fortuite. Ouf : imaginez un peu que ça se passe vraiment comme ça…

ROB GRAMS

LA RÉVOLTE DES SALARIÉS DE LA RESTAURATION

Une épopée sociale de N. Framont

Les articles se succèdent et se ressemblent : dans la presse locale comme nationale, à la télévision et à la radio, le reportage larmoyant sur le restaurateur en manque de personnel est devenu un « marronnier », terme journalistique désignant un sujet facile et récurrent, tel que la rentrée en septembre, la chaleur en juillet et la neige en février. Généralement indigents, ces articles ou ces reportages donnent toute la parole aux restaurateurs, dont le refrain est le même : « Les gens ne veulent plus travailler. » Vraiment ? Et si cela avait à voir avec la réforme de l'assurance-chômage, qui pénalise les emplois de courte durée, ou avec le prix du logement dans les secteurs touristiques ? Et si, soyons fous, la pénurie de personnel n'était que la juste sanction d'une organisation du travail extrêmement hiérarchique, voire autoritaire, d'une rémunération au lance-pierre en période d'inflation et d'un job vidé de son sens ? Heureusement, et grâce à cette position de force nouvelle, les salariés de la restauration s'organisent pour améliorer leurs conditions de travail.

LES RESTAURATEURS : UN GROUPE SOCIAL MÉDIATIQUEMENT ET POLITIQUEMENT CHOYÉ

Les restaurateurs sont omniprésents dans la presse et à la télévision, et constituent un groupe professionnel au talent certain pour attirer les faveurs de la société vers lui. Depuis deux ans, ils sont sur le devant de la scène en raison de la « pénurie de personnel » dont ils seraient victimes. Les articles se suivent et se ressemblent, ne laissant généralement que la parole à ces patrons malheureux, victimes d'un marché du travail qui ne semble plus en leur faveur. Le journal *20 minutes* a publié le 11 juillet 2023 un stéréotype de ce genre, nouveau marronnier du journalisme paresseux à la Française : « Sur le quai des États-Unis, coincé entre ses deux *hotspots* du tourisme, dans la cinquième ville de France, le restaurant Babel Babel ne profitera pas de l'affluence ce mardi. Les volets bleus sont clos. Aucune table n'est dressée. Il restera fermé. Et mercredi aussi. Ce n'est pas temporaire. Ce sera comme ça tout l'été. Et même au-delà. » Sortez les violons. Le restaurateur interrogé est décomplexé : « Le monde de la restauration a beaucoup changé. Pour le mieux pour les salariés, qui sont beaucoup mieux protégés. Avant, il y avait de grosses amplitudes horaires. Du *black*. Tout ça a changé ». Vous vous rendez compte : « Aujourd'hui, les gens ne sont plus du tout motivés. Ils ne veulent plus travailler, juste débloquer des droits, tranche l'entrepreneur. Quand on les reçoit en entretien, ils vérifient d'abord les conditions de travail avant qu'on ne puisse les interroger sur leur parcours. Ils ne veulent plus faire les ouvertures, ni les fermetures. Et encore moins avoir des coupures. Ils ne veulent pas servir trop de tables. Ni nettoyer. Ça les fait chier. »

LE GROUPE DES PATRONS DE LA RESTAURATION SEMBLE DISPOSER DE SON PROPRE BUREAU DES PLEURS DANS TOUTES LES RÉDACTIONS DE FRANCE.

Stéphane Manigold, grand patron de la restauration (il dirige le groupe de restaurants Éclore) passe une partie de ses semaines comme chroniqueur à l'émission « les Grandes gueules » sur RMC et se fait le relais de ces jérémiades. Le 12 avril 2024, il pleurait à chaudes larmes sur le sort des pauvres restaurateurs, allant jusqu'à affirmer que les patrons du secteur « sont devenus les esclaves de leurs salariés ».

Le groupe des patrons de la restauration semble disposer de son propre bureau des pleurs dans toutes les rédactions de France. Chaque mois, un nouveau fléau leur tombe dessus : les manifestations, les épidémies et maintenant les salariés qui « vérifient d'abord les conditions de travail », les grands fous ! C'est un groupe très symptomatique de ce qu'est le petit patronat en France : une classe, petite et moyenne bourgeoise, à laquelle les jérémiades permanentes permettent à la grande bourgeoisie de faire reculer nos droits sociaux. Les restaurateurs ne sont d'ailleurs pas les chiots perdus que les presses régionales et nationales décrivent le plus souvent : ils sont représentés par la puissante Union des Métiers et des Industries de l'Hôtellerie (UMIH) qui est l'un des plus gros syndicats patronaux français. Ce lobby a remporté une série de victoires, comme la baisse de la TVA dans la restauration en 2009.

Vous vous en souvenez ? Adoptée sous Sarkozy, cette mesure était décrite comme « favorable au pouvoir d'achat », aux salaires et à la modernisation des installations. Elle a coûté 3 milliards d'euros par an aux contribuables et a eu pour seul effet l'augmentation de leur bénéfice de 24 %, selon une étude publiée en 2018[1]. Les salariés et les clients n'en ont pas vu la couleur,

1 « La TVA réduite a surtout profité aux restaurateurs, pas aux clients », Alexandre Loukil, *Capital*, 29 mai 2018

précise cette étude. Depuis, les restaurants font partie des entreprises qui ont fortement bénéficié des exonérations successives de cotisations patronales, qui s'appliquent le plus fortement au niveau des faibles salaires (réduction Fillon en 2008, exonération pérenne de charges de 2019). Contrairement à ce qu'ils répètent sur tous les médias, les restaurateurs paient donc peu de « charges » : les grandes exonérations adoptées ces quinze dernières années les font payer aux contribuables.

Derrière le terme de « restaurateurs », se cache de grandes différences : entre le multi-propriétaire qui, dans une grande ville, possède une dizaine de restaurants et l'indépendant débordé, que l'on voit dans « Cauchemar en cuisine ». Comme souvent, dans le patronat français, petits et gros sont solidaires pour tenir un discours commun, même s'il bénéficiera toujours plus aux seconds.

À *Frustration*, nous aimons avoir des points de vue contradictoires et nous avons interrogé une trentaine de salariés de la restauration. Cuisiniers, serveuse, sommeliers, barmen... Tous s'accordent à dire que le discours sur la pénurie de main-d'œuvre est constant chez leurs patrons. Léa*, saisonnière sur la côte bretonne, me raconte que son ex-patronne « se plaignait continuellement du manque de salariés, et ce, devant les clients, alors même qu'elle refusait d'embaucher plus de personnel. » Pour elle, ce discours fait partie de la stratégie managériale du patronat de la restauration : « J'avais déposé mon CV dans une dizaine de bars et restaurants qui cherchaient, mais un seul m'a recontacté, donc j'ai vraiment du mal à croire en cette pénurie foudroyante pour les patrons. C'est juste une excuse pour être en sous-effectif et nous faire beaucoup trop travailler, selon mes expériences. »

POUR KARIM, C'EST LE RACISME QUI A ÉTÉ UN PROBLÈME RÉCURRENT, AU POINT QU'IL AVAIT L'HABITUDE DE MODIFIER SON PRÉNOM POUR POSTULER DANS LE SECTEUR

LA DISCRIMINATION À L'EMBAUCHE EST MONNAIE COURANTE

Au-delà de cette exagération stratégique, pourquoi les patrons de restaurant n'arrivent-ils pas à embaucher ? Sandrine*, qui a été longtemps serveuse avant de réussir à quitter le secteur de la restauration, estime que les pratiques discriminatoires à l'embauche expliquent en partie ces difficultés : « Face à cette histoire de pénurie de main-d'œuvre, je ris jaune, parce que j'en ai vu qui se plaignaient de ne pas trouver. Les mêmes qui jetaient directement des CV à la poubelle parce que la personne qui se présentait n'avait pas la bonne couleur de peau, était trop maquillée ou pas assez, trop grosse, parce qu'elle n'était pas une experte après un jour d'essai et qu'on n'avait pas le temps de la former. »

Maxime*, serveur à Paris durant ses études et saisonnier sur la côte Atlantique, l'été, confirme : « Ils cherchent des personnes qui ont déjà de l'expérience et ne veulent pas se casser le cul à former des jeunes, à cause de leurs *a priori* ». Pour lui, la discrimination à l'embauche est un problème endémique. À une amie qui postulait à une offre d'emploi, un restaurateur a demandé, lors d'un premier entretien téléphonique : « Et sinon niveau physique ça va, t'es bonne ? ». Le sexisme permanent est dénoncé par la majeure partie des personnes interrogées. Pour Karim*, c'est le racisme qui a été un problème récurrent, au point qu'il avait l'habitude de modifier son prénom pour postuler dans le secteur.

Ce que les articles sur la pénurie de main-d'œuvre ne mentionnent quasiment jamais, trop occupés à recopier le discours patronal des « jeunes qui ne veulent plus travailler », c'est que la réforme de l'assurance-chômage désincite au travail saisonnier. En effet, il faut désormais travailler plus longtemps qu'auparavant – 6 mois contre 1 mois – pour « recharger » ses droits au chômage. Faire une saison de 2 ou 3 mois ne permet plus d'être indemnisé une fois la saison terminée.

UN MODÈLE ÉCONOMIQUE BASÉ SUR L'EXPLOITATION ET LE CONTOURNEMENT DU DROIT DU TRAVAIL

Si les restaurants consacrent autant de temps à exposer leurs griefs dans la presse – au point que l'on se demande, comme me disait un ami, quand est-ce qu'ils travaillent vraiment –, c'est parce que le contrôle de leur main-d'œuvre est, pour eux, une question de survie. En France, le modèle économique de la restauration est très rentable. En 2022, une étude de l'entreprise bancaire SumUp a montré que près de la moitié des entreprises de restaurations devenaient rentables dès la première ou la deuxième année, loin devant le reste des entreprises (qui le sont au bout de 4 ou 5 ans). Ce succès repose sur au moins deux piliers.

Tout d'abord, des marges telles qu'on peut parfois parler d'extorsion des consommateurs. Ça n'a échappé à personne : il est difficile de trouver un restaurant dont le rapport qualité prix est relativement correct. Et pour cause : une bouteille de vin y est vendue, en moyenne, 3 à 4 fois plus chère que son prix d'achat[1]. Certains salariés mentionnent la façon dont le client est maltraité par un système où la rentabilité doit primer sur tout le reste, parfois dans l'excès. Thomas*, employé d'une pizzeria, raconte qu'un ancien employeur mentait sur la provenance et la fraîcheur des produits et qu'« une pizza tombée par terre en cuisine devait, malgré tout, être servie. » Pour Hugo*, cuisinier, « le fait-maison est parfois... disons risible, pour ne pas dire choquant. ». Et c'est au personnel d'assumer ces arnaques face au client.

Mais le coût le plus important d'un restaurant est sa masse salariale. Et en la matière, le patronat de la restauration excelle : il est parvenu à banaliser un climat d'exploitation qu'on trouve dans peu d'autres secteurs. Et ce, alors que la trentaine de personnes qui nous ont écrit pour témoigner de la dégradation systématique des conditions de travail ne cite quasiment aucune exception. Le secteur de la restauration, en France, présente le plus fréquemment les conditions suivantes : des rythmes de travail déstructurés par les fameuses coupures (travailler le midi, ne plus travailler, devoir revenir le soir) et le travail du week-end et tard dans la soirée ou la nuit, des contrats précaires (saisonniers, intérimaires, CDD), des fiches de poste très peu définies et respectées... Des éléments qui peuvent, à eux seuls, décourager.

Mais la première règle du secteur semble être un manque de personnel chronique, accepté et imposé aux salariés, que Romain*, ancien saisonnier à Paris, décrit comme systémique : « La restauration est, partout et en permanence, en sous-effectif, et ne pourrait tout simplement pas fonctionner ou être rentable en répartissant la charge de travail entre plus de gens pour la rendre moins lourde. »

Par conséquent, la pratique des heures supplémentaires non payées semble omniprésente et complètement banalisée, au mépris total du droit du travail. Gaël*, sommelier dans des restaurants étoilés, n'a connu qu'un restaurant où il faisait effectivement les 39 h prévues sur son contrat de travail. Sinon, « j'ai toujours tapé entre 60 h et 80 h par semaine, sans heures sup ou alors juste celles à 110 %, histoire de dire qu'ils le font. Et le pire, c'est qu'on l'accepte. D'abord, parce qu'on nous explique qu'il faut faire nos preuves, montrer qu'on en veut pour pouvoir être coopté si jamais on veut travailler dans des restaurants prestigieux en France ou à l'étranger. Et au bout d'un moment, ça rentre, on en vient au fameux "c'est comme ça", "c'est le métier qui veut ça", etc. » Léa* note, quant à elle, que les heures supplémentaires ne sont notées nulle part. Il n'y a pas de pointeuse, les horaires varient en fonction de l'affluence et il est donc difficile de les faire valoir à son patron. Adrien*, ancien assistant responsable de restaurant sur le littoral note quant à lui que sur les offres d'emploi de la restauration, y compris celles affichées sur le site de Pôle Emploi, il n'est pas rare de lire la mention « heures supplémentaires rémunérées »... Alors que l'inverse serait illégal.

« LA RESTAURATION EST, PARTOUT ET EN PERMANENCE, EN SOUS-EFFECTIF, ET NE POURRAIT TOUT SIMPLEMENT PAS FONCTIONNER OU ÊTRE RENTABLE EN RÉPARTISSANT LA CHARGE DE TRAVAIL ENTRE PLUS DE GENS POUR LA RENDRE MOINS LOURDE. »

Lors de son entretien d'embauche, Sandrine* s'est vu asséner, sèchement : « Tu sais comment ça se passe en restauration, hein ? Ici, on ne compte pas ses heures, ne commence pas à me demander d'être payée pour. » Dans ce restaurant, elle travaillait 6j/7, avec une moyenne de 55/60 h par semaine... payée 35 h. Ce schéma est extrêmement répandu.

UNE CULTURE DE LA SOUFFRANCE AU TRAVAIL

La légalité semble être le cadet des soucis des restaurateurs, vu le nombre d'entorses au Code du travail raconté par les salariées de la restauration. Léa* a reçu les moqueries de son patron pour avoir osé demander, au bout de dix jours de travail, son contrat. Ptolémée*, directeur d'un restaurant en Ariège, a connu une situation encore plus illicite, entièrement subie : « On m'a employé au "noir" de façon ponctuelle ou prolongée (jusqu'à plusieurs mois), de façon volontaire ou imposée, parfois en situation de CDI à temps plein, avec des responsabilités importantes du point de vue hiérarchique. On m'a volé plusieurs fois, en ne payant pas des essais, parfois des semaines entières (une pizzeria en plein Paris fréquentée par des politiques), des congés ou des indemnités chômage. » Adrien* parle lui aussi de la pratique extrêmement décomplexée du travail non déclaré : il a passé des mois sans contrat de travail et signale que « parfois, seule une partie des heures sont déclarées et les autres ne le sont pas et nous sommes payés de la main à la main, plus avantageux pour nous à court terme, mais une pratique répandue chez les patrons, qui y gagnent eux au long terme. »

Y compris dans les lycées professionnels, on enseigne que le monde de la restauration requiert de travailler dur sans se plaindre. C'est une culture professionnelle qui pousse peu à la rébellion, au plus grand bonheur de l'UMIH et de ses adhérents. « J'ai reçu une formation classique en famille, par mon cousin dans un restaurant gastronomique de l'Hérault, nous raconte Ptolémée*. On m'a appris à accepter beaucoup, à ne pas compter mes heures, à encaisser les propos et gestes flirtant avec le spectre du racisme, de l'homophobie et des violences sexistes particulièrement. On m'a enseigné la culture quasi-militaire des brigades, plus sous un angle de l'équipe de sport collectif ultra hiérarchisée. » On assiste au même bizutage générationnel[2] que dans de nombreux secteurs : « nombre de patrons affirment être eux aussi passés par là, et que c'est normal de commencer en bas de l'échelle, pour justifier nos salaires si bas ».

Il n'est pas étonnant, avec un tel rythme de travail, que le personnel de la restauration en vienne à déserter. Une bonne partie des personnes qui nous ont contactés pour témoigner ont quitté le secteur. La période de pause permise par l'épidémie de Covid a mené à une introspection : est-ce vraiment ça, la vie ? Passer ses soirées à travailler, ne pas avoir de week-end, être exposé à la violence de sa hiérarchie et, bien souvent, des clients ? La pénibilité des professions de la restauration ne fait pas les gros titres, mais elle est bien réelle : Vincent*, ancien responsable d'établissement, résume les choses en ces termes : « J'ai travaillé pendant un an, où je rentrais à 4 h du mat, le soir, et où je me levais à 13 h, sans week-end. Que veux-tu avoir comme vie, dans ce cadre ? Ta vie sociale est celle de la nuit, ce qui veut dire que tu es en contact constant avec des produits comme l'alcool, donc l'alcoolisme est fortement répandu. Ce qui entraîne, dans certains établissements, des débordements dans les équipes, violences, etc. Tu ne pars pas plus tôt à la retraite alors que tu portes des charges lourdes, que tu es face à des changements de température ou tout simplement des températures extrêmes : en canicule, dans la première cuisine où je bossais, pas d'aération, donc 60 °C en moyenne ; 70 °C devant les fours, 40 °C à 50 °C avec l'humidité dans la plonge. Tu fais face au bruit constant, que ce soit la musique, le matériel, la foule, etc. »

Marine* est salariée de la restauration depuis ses 16 ans, elle en a désormais 32 : « En 16 ans de taf, mon corps est complètement déglingué et les augmentations de salaire sont quasi inexistantes. À chaque fois que j'ai changé d'entreprise, retour au SMIC. Le *black* est légion. La drogue et l'alcool, je n'en parle pas, et le harcèlement et le sexisme sous couvert de blague potache systématique. »

UN MANAGEMENT QUI EMPÊCHE DE BIEN FAIRE SON TRAVAIL

Mais la culture des travailleuses et travailleurs de restauration ne se résume pas à subir sans broncher. « J'ai aimé ce métier, déclare Sandrine*. Quand le restaurateur et l'équipe sont tous respectueux, ça forme une belle alchimie où tout le monde est prêt à bosser plus. » Pour Ptolémée*, il existe aussi une culture collective dans la restauration : « Par-delà les aspects violents que j'ai décrits, on m'a aussi appris que l'équipe faisait corps au service des clients et non pas à l'asservissement aux clients. Que la solidarité interne à l'équipe pouvait alléger les horaires, la hiérarchie, la faible paye et surtout la violence des clients. C'est cette solidarité qui fait accepter toutes les violences symboliques, qui rend la dignité aux serveurs. »

Anciens salariés ou encore en poste, toutes les personnes qui ont témoigné évoquent leur amour d'un travail artisanal et relationnel. Le contact avec les clients est mentionné comme une source de joie et de satisfaction au travail, dont la mauvaise organisation les prive trop souvent : Antoine*, chef de rang à Paris, exprime ainsi sa frustration : « Comme on n'est pas assez nombreux et qu'on est fatigués, le seul plaisir du travail, à savoir la relation avec le client, passe vraiment à la trappe. Conseiller des vins à la chaîne ou présenter la carte en express, ce n'est vraiment pas plaisant… ». Pierre*, ex-serveur, ayant quitté la profession en janvier, n'en demandait pas plus : « Je me suis rendu compte que c'est ce qui me tenait le plus à cœur : pouvoir, le temps d'un repas, faire en sorte que les gens puissent kiffer leur moment. Ce n'est pas grand-chose : juste un bon conseil sur un plat, une explication sur un vin ou un renseignement sur la région, une petite blague de temps en temps. Mais ça suffit pour que les gens passent un bon moment, et ça profite à tout le monde. ». « J'ai aimé être serveuse, vraiment, abonde Sandrine*. J'adorais ce métier. Mais je n'en

« COMME ON N'EST PAS ASSEZ NOMBREUX ET QU'ON EST FATIGUÉS, LE SEUL PLAISIR DU TRAVAIL, À SAVOIR LA RELATION AVEC LE CLIENT, PASSE VRAIMENT À LA TRAPPE. CONSEILLER DES VINS À LA CHAÎNE OU PRÉSENTER LA CARTE EN EXPRESS, CE N'EST VRAIMENT PAS PLAISANT... ».

pouvais plus que cette situation soit normale aux yeux des patrons. Ils auraient dû me remercier de consacrer ma vie pour leurs restaurants et je n'avais souvent que du mépris en retour. » « Je suis vénère contre les patrons, mais j'adore mon travail », résume Marine*.

Les psychologues du travail appellent ces situations la « qualité empêchée » : ne pas pouvoir faire son travail dans les règles de l'art, selon la conception éthique que l'on s'en fait, que l'on nous a transmise. C'est un facteur de risque psychosocial, c'est-à-dire une source de souffrance au travail bien identifiée, qui peut conduire à des troubles psy tels que la dépression ou le stress chronique. Sandrine* pointe, quant à elle, le manque de reconnaissance, que rencontrent la plupart des salariés, mais qui semble particulièrement fort dans le monde de la restauration.

Le secteur de la restauration a poussé trop loin la division entre le capital et le travail : nous avons d'un côté les restaurateurs, ceux qui possèdent, et de l'autre celles et ceux qui travaillent pour eux, sans recueillir les fruits de leurs efforts. Les premiers se mettent perpétuellement en scène comme des gros bosseurs, soumis aux aléas du tourisme, des « charges » et du manque de main-d'œuvre. Jérémie* est agacé par cette image médiatique qui attire la sympathie : « On te montre le gars, il est devant son resto, il dit qu'il galère, qu'il ne trouve pas de personnel... Mais pour moi, ceux qui triment et qui galèrent, ça a toujours plus été les équipes en cuisine et en salle ». L'image du patron de restaurant débordé, qui met la main à la pâte, lui semble excessive : « Quand tu bosses dans un resto, tu vois tout. Le plus souvent, le patron ne fait que discuter avec les clients, faire un peu de compta et encaisser. Bien sûr, il donne l'argent au chef qui lui propose la carte, fait les courses, organise sa cuisine. Et le chef de salle fait la même chose de son côté. Au restaurant, il suffit d'observer le patron pendant le service pour voir qui produit la bouffe et qui encaisse l'argent », conclut-il.

Thomas* a travaillé pour un multi-propriétaire d'établissements prestigieux dans une grande ville, bien loin de l'image du petit restaurateur overbooké : « Le mec n'est jamais sur l'établissement et il passe te voir une fois par mois, s'il y a un problème. Malgré ça, c'est un grand paranoïaque qui envoie ce qu'on appelle des "espions" pour vérifier la qualité du service, que tu ne fermes pas en avance ou que tu n'offres pas de boissons. Il ne s'y connaît aucunement en restauration et n'est pas sur l'établissement, mais c'est lui qui va te dire que tu fermes trop tard, qu'il faut faire telle ou telle carte, comment aménager la terrasse, etc., lorsqu'il passe au resto. La majorité du temps sinon, il est en vacances dans ses résidences secondaires dans la Forêt-Noire ou dans le sud. »

Forcément, quand on aime son travail, se voir confisquer le fruit de ses efforts par des personnes qui n'ont pour seule compétence que la possession des moyens de production, il y a de quoi être amer. Pour autant, la lutte des classes est rarement activée du côté des serveurs. La grande démission et le refus de travailler dans n'importe quelle condition semblent être la principale réponse actuelle, ce qui est cependant efficace et qui réjouit Sandrine* : « Aujourd'hui, le métier veut que le rapport de force se fasse à présent du côté des employés. »

UNE AUTRE RESTAURATION EST POSSIBLE

La culture collective des travailleuses et travailleurs de la restauration peut-elle, dans ces conditions favorables, se transformer en culture syndicale ? Au début du XXe siècle, les garçons de café étaient à l'avant-garde de la lutte sociale. En 1907, un conflit agite les serveurs parisiens autour de leurs conditions de travail et... de l'autorisation du port de la moustache, qui leur a été interdit par leurs employeurs alors que la mode masculine en était conquise. Décrit par Mathieu Colloghan dans *Le Monde Diplomatique*[3], ce conflit a expérimenté des formes de sabotage innovant : « Le gréviste perleur, qui travaille un peu moins bien, avec de menues erreurs, et ralentit ainsi la production ; le sabotage de la bouche ouverte, qui consiste à prévenir les consommateurs de malfaçons ou d'escroqueries dans les produits qu'on leur vend ; la "grève du zèle" ; le sabotage-blocage pour neutraliser les "jaunes" ; le sabotage-grabuge. » C'est un mouvement victorieux qui améliore les rémunérations des serveurs.

Peut-on imaginer une résurgence de cette culture syndicale ? Des serveuses et serveurs qui informent sur les dessous des cuisines d'attrape- touristes dans les quartiers touristiques et de restos à Moule-frite hors de prix sur la côte ? D'une grande campagne de dénonciation des établissements qui traitent le plus mal leurs salariés, appelant au boycott de la part des clients ? Une alliance des clients mécontents par les marges délirantes et des salariés lassés d'être traités comme des esclaves pourrait-elle menacer le règne de l'UMIH sur la restauration française ?

Aux États-Unis, les salariés du grand groupe de restauration rapide Starbucks ont durablement changé la donne en organisant un vaste réseau syndical. Initié en 2021 par les salariés d'un restaurant Starbucks de Buffalo, dans l'État de New York, le mouvement de syndicalisation a entraîné la création du syndicat Starbucks Workers United, qui compte désormais 357 restaurants et plus de 9 000 membres. En 2023, ils ont contraint le groupe Starbucks à négocier avec eux pour obtenir, au niveau national, de meilleures conditions de travail et des augmentations de salaires. Le groupe a vainement dépensé 240 millions de dollars[4] en « Union Busting », ces consultants envoyés dans les entreprises pour contrer la syndicalisation. Depuis, Starbucks Workers United est devenu un véritable caillou dans la botte des richissimes patrons de Starbucks, puisque ce syndicat mène désormais ses propres actions politiques, comme en affichant publiquement le soutien des salariés aux Palestiniens. Avec la syndicalisation, les travailleuses et travailleurs de Starbucks ont donc aussi gagné en autonomie. Pour en arriver là, il a fallu un lent et patient

travail de discussion et de rencontre dans des centaines de restaurants. On pourrait imaginer le même travail en France.

Se syndiquer, pour faire quoi ? Le collectif Niet Éditions a publié en français un texte états-unien de 2006 qui documente les luttes dans la restauration et prône un projet radical : un monde sans restaurant. Pour les auteurs de ce pamphlet, la restauration est une invention nocive, qui pousse la division du travail trop loin, en confiant des tâches ingrates à certains et la capacité à être servi à d'autres.

Ce qui est sûr, c'est que la micro-société ultra hiérarchisée qu'est le restaurant gagnerait à sortir de la division en classes qu'elle contient. Pourquoi serait-ce aux propriétaires de « récupérer toute l'oseille », comme le dit Jérémie* ? « Si j'avais mon propre restaurant, je ferais ces plages horaires difficiles, me dit Sandrine*, mais ce serait MON entreprise. Que gagnent les employés là-dedans, à part se bousiller la santé pour un salaire trop bas ? »

Certains ont franchi le cap... collectivement. Pour mettre fin à la division entre le capital et le travail et mettre fin à une répartition des tâches strictes et hiérarchiques, le secteur de la restauration coopérative émerge. À Lyon, dans le quartier de la Guillotière, le restaurant Le Court-Circuit pratique l'autogestion coopérative : les salariés ne se sont pas contenté de devenir propriétaires de leur outil de travail, ils ont organisé les tâches de façon à ne pas reproduire les travers décrits tout au long de cet article. « Les 10 salariés-associés passent chacun dans les différentes commissions mises en place : gestion des stocks, des commandes et le calcul des taux de marge et des taux de rentabilité ; intendance des locaux, programmation d'événements et de communication ; ressources humaines ; cuisine et enfin co-gérance. Ce fonctionnement présente plusieurs avantages, dont une répartition égale des tâches et l'appropriation des diverses facettes de l'activité de l'entreprise par les salariés » expliquait le site spécialisé Hôtellerie-Restauration en juin 2022. Les salariés ont deux ou trois jours de repos consécutifs et, cerise sur le gâteau, le restaurant pratique le circuit-court et vise des prix plus bas que la restauration traditionnelle.

Ces initiatives montrent qu'une autre restauration est possible, respectueuse des salariés et des clients. Elle passe par la fin d'un vieux modèle, celui du restaurant patronal, machine à cash d'une minorité, méprisant les travailleurs comme les consommateurs. Cette minorité à qui les médias dominants donnent tant d'importance alors qu'elle devrait, face à la pénurie de personnel, rendre son tablier à celles et ceux, qui collectivement, sauront mieux le porter. ■

* les prénoms ont été modifiés pour préserver l'anonymat des nombreuses personnes qui ont témoigné. Merci à elles pour leurs récits et leurs explications.

1 « "C'est très excessif" : les vins au restaurant, vendus 3,5 fois plus cher que leur prix d'achat » BFM Conso, 11 mai 2019.

2 « Pourquoi il faut interdire les stages », Rob Grams, *Frustration magazine*, 17 Mai 2022.

3 « En 1907, ouvriers boulangers et limonadiers se rebiffent : La moustache pour tous ! », Mathieu Colloghan, *Le Monde Diplomatique*, août 2022.

4 « The Starbucks Workers' Union Has Finally Broken Through », Alex N. Press, *Jacobin*, 29 février 2024.

PROPOSITION PAR GUILLAUME ETIÉVANT

travailler sans **actionnaires**

Il faut se rendre à l'évidence : on ne se débarrassera pas des chefs sans s'émanciper du pouvoir des actionnaires qui leur donnent leurs directives. L'organisation hiérarchique des entreprises découle de la subordination des salariés aux détenteurs de leurs titres de propriété. Il est difficile d'imaginer aujourd'hui les modalités de sortie de cette domination écrasante du capital. Les révolutions avortées du siècle dernier, qui prétendaient abolir l'économie de marché, ont laissé des stigmates profonds. À cela s'ajoutent des décennies de désillusions, lors desquelles la gauche au pouvoir en France n'a même pas réussi à mieux redistribuer les richesses, ce qui est l'objectif auquel elle se cantonne électoralement. Malgré tout, ne baissons pas les bras. Il est encore possible de changer de perspective et de viser la refonte complète de l'ordre social.

Aujourd'hui, les propos flamboyants sur la sortie du capitalisme continuent à résonner. « Le capitalisme est la racine du mal », proclame par exemple Jean-Luc Mélenchon dans ses discours. « Rester dans le capitalisme, c'est du suicide », ose-t-il même asséner à la télévision. « Sortir du capitalisme est indispensable pour espérer sauver nos conditions d'existence sur la planète », indique quant à elle la CGT dans son document d'orientation de 2023. Mais on ne trouve aucune trace d'un quelconque projet de sortie du capitalisme dans les programmes de la France Insoumise ou dans les documents de la CGT. Au fond, plus personne dans les directions des grandes organisations politiques et syndicales n'y croit. Cela peut se comprendre dans un climat où même un programme aussi modéré que celui du NFP, qui n'envisage même pas d'abolir les réformes néolibérales récentes telles que la loi Travail de 2016, est présenté dans les médias comme une menace extrémiste susceptible de ruiner la France. Dans un tel contexte, comment imaginer proposer concrètement les voies d'une sortie du capitalisme ? On en reste donc à de beaux discours sans substance programmatique. Du vent, en somme.

Arrêtons d'essayer d'être crédibles auprès des dominants

Peut-être serait-il temps de prendre du recul et de réexaminer sérieusement la question. Les idées ne manquent pas. Certes, on pourrait craindre de les mettre en avant, en se disant que l'époque n'est pas prête à les entendre. Mais on pourrait aussi adopter l'approche inverse : si rétablir l'ISF est déjà perçu comme subversif, à quoi bon chercher à se rendre crédible aux yeux des dominants ? Toute mesure un tant soit peu à gauche est systématiquement discréditée. Si cette tendance se poursuit, il n'est pas absurde d'imaginer qu'un jour, la simple proposition de rétablir les CDI, la Sécurité sociale ou l'impôt sur les sociétés sera perçue comme un affront. Pourquoi ne pas alors changer de perspective et mettre sur la table la question de la propriété des entreprises et du pouvoir qu'elle confère aux actionnaires ? Puisque toute proposition de gauche est jugée trop radicale, autant l'être réellement.

Les idées ne manquent pas sur le sujet. Par exemple, l'économiste Thomas Piketty propose un « socialisme participatif [1] », qui octroierait aux salariés la moitié des droits de vote dans les conseils d'administration de toutes les entreprises privées. Dans le même temps, il imagine des mesures permettant aux salariés d'acquérir des actions de leur entreprise et de faire ainsi basculer la majorité au sein du Conseil d'administration, car ils détiendraient alors des voix en tant qu'actionnaires et des voix en tant que salariés. Il propose également que le nombre de voix des actionnaires soit plafonné individuellement : les apports en capitaux supérieurs à 10 % du capital n'apporteraient des droits de vote que pour un tiers de leur montant. Cela se rapproche des idées de François Morin[2], artisan des nationalisations de 1981, et qui en a tiré un grand nombre de conclusions sur les erreurs à ne pas reproduire, en particulier concernant le pouvoir au sein des entreprises rachetées par l'État, qui n'avait été partagé ni avec les salariés ni avec les usagers. Il propose d'établir une parité entre salariés et actionnaires au sein des organes de délibération et de décision des entreprises, dont la présidence aurait une voix prépondérante pour départager les décisions. Le président du Conseil d'administration serait issu des actionnaires, tandis que celui du Comité exécutif serait choisi parmi les salariés, ou inversement.

Ces propositions sont utiles et enrichissantes. En elles-mêmes, elles portent un bouleversement des processus de décision dans les entreprises, dans lesquelles les salariés auraient beaucoup plus de poids. Mais il leur manque une dimension essentielle : elles ne rompent pas avec l'idée que le capital investi

dans les entreprises doit être rémunéré. Dans le modèle de François Morin, il y aurait une égalité stricte entre actionnaires et salariés dans les prises de décisions. Mais comment imaginer des décisions collégiales entre actionnaires et salariés au sein des Conseils d'administration et des Comités de direction, quand les intérêts entre eux sont si distincts, les uns ayant vocation à augmenter leurs dividendes et les autres à augmenter leurs salaires ? Dans le modèle de Thomas Piketty, les salariés seraient potentiellement majoritaires, parce qu'ils détiendraient eux-mêmes des actions. Comme tout actionnaire, ils auraient donc alors intérêt à ce que ces actions se valorisent et génèrent des dividendes. Même s'ils chercheraient sans doute à préserver les conditions de travail, l'emploi et la rémunération, ils seraient ainsi également incités, par intérêt personnel, à maximiser les profits de l'entreprise, qui sont par nature issus de l'exploitation du travail.

Le sociologue Bernard Friot[3] développe quant à lui un modèle qui rompt réellement avec la rémunération du capital. Il propose en effet de socialiser la totalité de la valeur ajoutée des entreprises vers une caisse d'investissement et vers une caisse qui paierait les salaires de tous. La caisse d'investissement serait chargée de financer les projets industriels des entreprises et les infrastructures publiques, éliminant ainsi la nécessité de recourir aux marchés financiers. La caisse de salaire, quant à elle, assurerait un revenu à vie pour tous les citoyens, indépendamment de leur emploi ou de leur activité économique. Ce revenu serait financé par les cotisations des entreprises et serait fixé selon la qualification de chacun, et non plus selon leur capacité à générer du profit pour les actionnaires.

À *Frustration*, nous avons déjà eu l'occasion de décrire les apports décisifs du projet de Bernard Friot, mais aussi ses limites fondamentales[4]. En particulier, il ne se pose pas suffisamment la question de la transition entre le système capitaliste actuel et la forme de communisme qu'il promeut. Il propose simplement d'expérimenter d'abord le salaire à vie auprès des 18-37 ans, ce qui est inapplicable, car cela créerait des inégalités dramatiques au sein des entreprises. Si du jour au lendemain on annonce à une partie des salariés qu'ils toucheront leur salaire toute leur vie, y compris s'ils quittent leur entreprise, et bien une immense partie d'entre eux le fera, d'autant plus que le modèle de Bernard Friot ne garantit en rien l'amélioration des conditions de travail, et la France plongera ainsi dans une crise économique dont on voit mal comment elle arriverait à s'en remettre. Ce dernier ne répond jamais à ce problème fondamental et se contente de dire qu'il vaut mieux ne pas avoir d'emploi qu'exercer un métier inutile ou néfaste. Mais *quid* de tous les emplois indispensables qui seront également désertés?

Pour échapper à la domination des actionnaires et à celle des dirigeants d'entreprises qui en sont les exécutants, il est crucial de concevoir un mécanisme inspiré à la fois des contributions intellectuelles existantes et des expériences passées de socialisation sans étatisation, telles que le plan Meidner en Suède dans les années 1970 et 1980[5]. Il faut imaginer un dispositif visant à donner progressivement aux salariés le contrôle de la gouvernance des entreprises, tout en rompant avec l'impératif de rémunération du capital investi. Le caractère progressif de cette démarche apparaît indispensable afin d'éviter un choc économique irréversible et surtout la dérive autoritaire qui pourrait résulter d'une gestion non démocratique de cette transformation radicale du monde de l'entreprise.

IL FAUT IMAGINER UN DISPOSITIF VISANT À DONNER PROGRESSIVEMENT AUX SALARIÉS LE CONTRÔLE DE LA GOUVERNANCE DES ENTREPRISES, TOUT EN ROMPANT AVEC L'IMPÉRATIF DE RÉMUNÉRATION DU CAPITAL INVESTI.

Vers l'entreprise collective

Les combats syndicaux nous aiguillent sur la marche à suivre. Par exemple, la CGT Renault a mené campagne en 2002 pour l'attribution aux salariés, chaque année, de titres de propriété non rémunérés, qui correspondraient à la part de l'accroissement des capitaux propres générée par le travail[6]. En d'autres termes, il s'agit de transférer, année après année, une part croissante du capital des entreprises aux salariés qui y travaillent, tout en leur conférant les droits associés au sein des instances dirigeantes au sein des organes de décision (conseil d'administration, comité de direction, etc.). Au bout d'un certain nombre d'années, les entreprises commenceront à être intégralement détenues par les salariés et ils décideront intégralement des choix d'investissements, de recrutements, de politiques salariales, etc.

Ce qui distingue cette proposition, c'est que le capital ne serait pas détenu individuellement par les salariés et ne leur offrirait pas de rémunération personnelle. Les parts seraient collectivement détenues, par exemple via le CSE, garantissant que les salariés possèdent ensemble une partie des actifs, tout en continuant à être rémunérés uniquement pour leur travail, et non pour cette propriété[7]. Cette approche réduit le risque que la logique actionnariale n'influence leur gestion de la société.

Un autre avantage fondamental de cette démarche réside dans son caractère progressif. Elle ne nécessite pas d'expropriation immédiate des propriétaires actuels, ce qui pourrait cependant être indispensable dans certains secteurs comme les banques ou l'énergie. Les entreprises seront progressivement collectives. Cette gradualité permet aux salariés, devenus travailleurs associés, de se former à la gestion, de réfléchir à l'organisation la plus démocratique possible de leur entreprise, de limiter le risque d'une chute brutale des investissements en France, car un changement trop rapide de la structure de propriété pourrait inquiéter davantage les investisseurs traditionnels. En donnant le temps à l'ensemble de la population de comprendre l'importance de soutenir cette transformation, il devient aussi possible de faire accepter l'idée, aujourd'hui contre-intuitive pour beaucoup, que la rémunération ne devrait pas découler automatiquement de la simple possession d'un capital, et que le pouvoir au sein des entreprises doit être démocratique, indépendamment des parts détenues. Après tout, ce n'est pas parce que nos parents ont fondé une société il y a des décennies que nous devrions pouvoir en tirer des revenus indéfiniment, en prélevant sur les richesses générées par les salariés, tout en ayant tout pouvoir sur eux.

Cette progressivité constitue également la principale difficulté de cette transformation. Elle expose à un risque d'abandon sous la pression du patronat ou suite à un changement de majorité politique. Sans une forte mobilisation populaire, cette initiative ne pourra pas survivre. De même, si elle n'est pas adoptée au niveau international, sa pérennité risque fort d'être compromise. Mais en fin de compte, n'est-ce pas le défi qui se présente à toutes les réformes qui cherchent véritablement à transformer la société ? ■

1 Thomas Piketty, *Capital et idéologie*, Le Seuil, 2019.

2 François Morin, *Quand la gauche essayait encore. Le récit inédit des nationalisations de 1981 et quelques leçons que l'on peut en tirer*, Lux Éditeur, 2020.

3 Bernard Friot, *L'Enjeu du salaire*, La Dispute, 2012.

4 https://www.frustrationmagazine.fr/le-projet-de-bernard-friot-point-dappui-pour-la-lutte-ou-impasse-strategique/.

5 Intérêt général, « Socialiser le capital par la loi – Histoire et proposition », note #27, août 2022.

6 Nicolas Pierre et Teper Bernard, *Penser la République Sociale pour le XXIe siècle*, Éric Jamet, 2014.

7 https://www.frustrationmagazine.fr/lentreprise-collective-rendre-leconomie-a-celles-et-ceux-qui-travaillent/.

Une chronique de Clément Sénéchal

ÉCOLOGIE

L'ÉCOANXIÉTÉ

Face aux échecs répétés de l'écologie dominante et la dégradation continue de la situation climatique, les bourgeoisies sensibilisées ont développé un nouvel affect, largement promu par le système médiatique : l'écoanxiété. Et si derrière ce néologisme bien commode, qui tire vers une individualisation et une psychologisation du rapport au ravage écologique, se cachait en réalité un avatar de la mauvaise conscience bourgeoise, incapable de politiser jusqu'au bout sa perception du désastre afin de protéger ses privilèges de classe ?

« Il faut consulter. » Alors que je fais route vers le point de départ d'une ascension qui doit me mener au glacier de Tré-la-Tête – lequel se trouve, comme l'ensemble des glaciers alpins, lourdement ébranlé par le réchauffement climatique –, une grande radio nationale reçoit une psychiatre renommée : elle liste « l'écoanxiété » comme l'une des nouvelles pathologies mentales en pleine recrudescence. Affable, elle conseille aux auditeurs de se tenir à bonne distance du déni comme de l'excès de lucidité. De passage chez le libraire, le lendemain, il me confirme, un poil angoissé, qu'un déluge de manuels dédiés aux remèdes à l'écoanxiété déferle sur la rentrée littéraire. Même topo sur Instagram, où de nombreuses publications suggèrent différentes solutions à l'écoanxiété, ce nouveau mal du siècle. Je me souviens avoir moi-même été interrogé par des journalistes à maintes reprises sur ce sujet (« Comment gérez-vous l'écoanxiété ? »), devenu l'un des marronniers de la presse *mainstream* en France, quand j'étais porte-parole climat chez Greenpeace.

NOUVELLE CONTRARIÉTÉ BOURGEOISE

Toute la problématique environnementale semble aujourd'hui engloutie dans le tonneau des Danaïdes de l'écoanxiété, comprendre « l'anxiété provoquée par les menaces environnementales qui pèsent sur notre planète », selon le Robert, ou encore une « forme d'anxiété liée à un sentiment d'impuissance face aux problématiques environnementales contemporaines », d'après le Larousse. Un sentiment d'impuissance qui imprègne en premier lieu, semble-t-il, le milieu professionnel de l'écologie. Lors d'un séminaire annuel organisé par mon précédent employeur, une séance un peu particulière s'est déroulée : tous les membres du staff étaient répartis en petits cercles intimistes, afin d'évoquer leur écoanxiété sans fard. Résultat : effusion de larmes générale, en particulier chez les dirigeants de l'ONG. Ces écologistes de métier ne savaient manifestement pas comment trouver prise sur la situation (ce qui était, je le concède, angoissant – surtout lors d'un séminaire censé définir nos orientations stratégiques) et s'alarmaient surtout pour leur progéniture, condamnée à subir des conditions d'existence moins confortables que les leurs. Lors d'un autre atelier, la direction nous a ensuite expliqué comment rester « apolitiques » dans nos activités de campagne, conformément aux statuts de l'organisation : mon écoanxiété a cette fois connu un épisode critique.

Quelques mois plus tard, alors qu'une enquête du *Monde* mettait enfin au jour le climat social délétère qui régnait au sein de Greenpeace France, son directeur général, Jean-François Julliard, chantre de la bienveillance mais fâché que des salariés se soient ouverts de leurs souffrances professionnelles à la presse (« Je leur ai dit que j'étais triste et en colère, et que parler à la presse était un exercice risqué ») s'est permis l'explication suivante : « L'écoanxiété a créé des frustrations, des attentes importantes. On me demande souvent à quoi on sert. » Rien à voir, donc, avec un encadrement défaillant. Cause de tous les problèmes, l'écoanxiété a désormais le dos bien large. Sans surprise, les classes bourgeoises, notamment celles qui dirigent les ONG ou les médias, raffolent de ce néologisme.

LORS D'UN SÉMINAIRE ANNUEL, TOUS LES MEMBRES DU STAFF ÉTAIENT RÉPARTIS EN PETITS CERCLES INTIMISTES, AFIN D'ÉVOQUER LEUR ÉCOANXIÉTÉ SANS FARD. RÉSULTAT : EFFUSION DE LARMES GÉNÉRALE, EN PARTICULIER CHEZ LES DIRIGEANTS DE L'ONG.

Psychologiser la catastrophe, individualiser l'impuissance

Car cet engouement autour de l'écoanxiété, outre qu'il constitue une manne inespérée pour le business ô combien lucratif du développement personnel, par lequel le capitalisme digère désormais certaines de ses propres contradictions en les rentabilisant, permet de renvoyer la crise écologique du côté des petites psychoses de la vie quotidienne. Dès lors, ce n'est plus la cité qui est problématisée, mais la psyché. Dans cette opération, le ravage écologique cesse alors d'être associé à un système intrinsèque à la société contemporaine pour devenir un simple élément du décor, relégué en arrière-plan, comme l'est d'ailleurs devenue la « nature » dans nos imaginaires marchands. Ainsi cesse-t-il également d'être quelque chose dont nous sommes responsables et sur lequel nous avons prise. De phénomène socio-économique sans cesse actualisé par les rouages du capitalisme tardif (celui des contradictions ultimes et sans doute terminales), il devient simple effet de perception, lui-même déréalisé par la société du spectacle et ses artefacts thérapeutiques. Or, en psychologisant la catastrophe à outrance, le thème de l'écoanxiété aboutit tranquillement à une invisibilisation des structures économiques, sociales et politiques qui la produisent.

Cette psychologisation de l'enjeu écologique s'intègre parfaitement dans le registre de l'écologie dominante, celui de l'écologie bourgeoise. Pour la simple raison qu'il induit un traitement individualiste de l'enjeu climatique, matérialisé par la narration des états d'âme intimes des acteurs de l'écologie ou des figures culturelles de passage sous les feux de la rampe. Ce faisant, l'écoanxiété constitue, au niveau des affects, le miroir des écogestes au niveau des pratiques : une soupe dépolitisante où se perd le goût du collectif comme de l'action politique. On soigne son écoanxiété comme on soigne son empreinte carbone, par une myriade de compensations symboliques qui aménagent une zone de repli au sein de sa propre condition sociale et dispensent de s'engager dans la lutte des classes pour renverser l'ordre établi, les hiérarchies sociales, l'ordonnancement des privilèges et l'empire du capital. Condamnée à l'impuissance par crainte de briser les cadres dont elle est devenue tributaire, l'écologie réformiste parle de taxes, de petits gestes, de prise de conscience, d'anxiété. Elle euphémise, temporise, somatise.

L'écologie homéopathique ou le stade Disneyland de la lutte

Confrontés aux tracas grandissants de son public-cible, les acteurs et les appareils de l'écologie dominante, qui recrutent essentiellement dans la petite et moyenne bourgeoisie, se sont donc retrouvés face à un paradoxe : continuer à alerter sur la crise climatique en cours afin d'exister, tout en ménageant les émotions troublées des classes moyennes soumises au parfum de l'apocalypse. Il ne faudrait pas désespérer Boulogne-Billancourt (et le XIe arrondissement de Paris) ni admettre en creux un échec permanent à changer la trajectoire du sinistre écologique. En contrepoint des discours récurrents sur la fin du monde, aujourd'hui agrémentés de slogans résiduels sur la « fin du mois » et la « transition juste » par acquit de conscience, les écologistes professionnels ont donc développé l'art de communiquer de manière rigolote afin de cultiver « l'espoir ». Exit le langage anxiogène de la conflictualité : place à la bienveillance. Exit les excès de lucidité : place à l'humour. Exit la confrontation : place à l'exhibition. Bref, l'écologie du spectacle à pris un nouveau tour ces dernières années : celui du carnaval réconfortant. Je ne compte d'ailleurs plus le nombre de directives de cet ordre reçues quand je travaillais à Greenpeace France, où le service communication et ses injonctions lénifiantes se trouvent (malheureusement) omnipotents.

EN PSYCHOLOGISANT LA CATASTROPHE À OUTRANCE, LE THÈME DE L'ÉCOANXIÉTÉ ABOUTIT TRANQUILLEMENT À UNE INVISIBILISATION DES STRUCTURES ÉCONOMIQUES, SOCIALES ET POLITIQUES QUI LA PRODUISENT.

À l'été 2018, Greenpeace France envoie donc un petit drone s'écraser contre une centrale nucléaire : il est déguisé en Superman. Début 2020, plusieurs activistes s'introduisent dans l'enceinte extérieure de la centrale de Tricastin, rebaptisée « Tricasto » : il sont habillés aux couleurs de Castorama, sweats jaunes et salopettes bleues. Début 2024, des activistes accoutrés en lutins posent un château gonflable sur un axe bruxellois afin de dénoncer le « conte de fées » nucléaire en marge d'un sommet. Quelques mois plus tôt, un collectif interassociatif fermait « symboliquement » (pour de faux) le ministère de la Transition écologique avec un muret de pacotille et quelques dizaines de salariés soudainement grimés de jolies paillettes. Fin mars 2024, Marie Toussaint, ancienne associative devenue tête de liste aux élections européennes pour la formation Les Écologistes, entame une sorte de chorégraphie, toute de noir vêtue, devant le siège de TotalEnergies : elle revendique une forme « d'artivisme ». Travestis en clowns, des activistes pénètrent de leur côté sur l'un des sites de production et se lancent dans une farandole bon enfant, pour marquer l'anniversaire de la compagnie pétrolière. De leur côté, des « influs » climat se fendent de plusieurs vidéos parodiques pour souhaiter un mauvais anniversaire à la multinationale, à base de moues boudeuses.

Intriquée au discours de l'écoanxiété, toute une écologie récréative (dite « créative ») se développe progressivement, au point de donner le la du milieu écologiste. « Sur les réseaux sociaux, l'humour comme remède à l'écoanxiété », titre ainsi *Le Monde* en avril 2024 : « Une nouvelle tendance de créateurs de contenus apparaît depuis quelques mois : jouer la comédie quelques minutes pour sensibiliser aux enjeux écologiques. » Cette écologie palliative s'inscrit pleinement dans la vogue du *care*, de la tendresse, du relativisme, dont il faudrait imprégner des milieux militants trop rugueux : « On essaye de trouver des formats où on joue plus sur le registre de la blague que celui de l'engagement » convient Loup Espagillière, du média *Vert*.

Rapportée par *Le Monde* (« Des jeunes activistes écologistes, féministes ou antiracistes réinventent le militantisme : "On lutte pour un autre horizon, mouvementé et joyeux" »), la trajectoire de Gaëlle Guillou, 26 ans, analyste dans le secteur de l'écologie, est emblématique de cette tendance prédominante des milieux écolos frappés par le blues du *green*. Après avoir « commencé son parcours de militance par l'organisation de la Primaire populaire, puis [...] participé à des actions de désobéissance civile avec le collectif écologiste Dernière rénovation, elle raconte : "Je me sentais dans l'impasse devant l'inefficience de l'action citoyenne, et ensuite avec les actions de blocage de routes, où j'ai fini par me demander à quoi cela servait, de se confronter à tant de violence, d'être insultée par les automobilistes, de se faire déloger brutalement par les forces de l'ordre. J'étais dans un moment d'abattement, témoigne l'activiste, qui a rejoint le collectif Tendresse Rrradicale. La tendresse, qui tranchait avec tout ça, m'a alors semblé une réponse politique intéressante." » Une réponse politique intéressante que Marie Toussaint reprendra sous forme de leitmotiv disruptif pour sa campagne européenne, toute entière axée sur « la douceur ». Elle finit néanmoins avec le score crépusculaire de 5,5 % des suffrages exprimés. Un peu déprimant. Sans doute la tendresse apparaît-elle en léger décalage avec les antagonismes du monde actuel. Quant à cette écologie autoréférentielle, avant tout soucieuse de ne pas choquer le bourgeois, peut-être ne conduit-elle qu'à ridiculiser la lutte au lieu de la radicaliser.

SANS DOUTE LA TENDRESSE APPARAÎT-ELLE EN LÉGER DÉCALAGE AVEC LES ANTAGONISMES DU MONDE ACTUEL. QUANT À CETTE ÉCOLOGIE AUTORÉFÉRENTIELLE, AVANT TOUT SOUCIEUSE DE NE PAS CHOQUER LE BOURGEOIS, PEUT-ÊTRE NE CONDUIT-ELLE QU'À RIDICULISER LA LUTTE AU LIEU DE LA RADICALISER.

Et la prolo-anxiété ?

« Quid de la "prolo-anxiété" ? », me demanda un jour un ami. De fait, « l'écoanxiété » n'est-elle pas un luxe réservé aux psychés bourgeoises ? Celles qui, du haut de l'espace social, édictent les normes écologiques ? N'est-elle pas une angoisse abstraite, cultivée par des classes moyennes-supérieures dotées des ressources nécessaires (à commencer par le temps, donc l'argent) pour ressentir les problèmes politiques du temps long – sans d'ailleurs jamais les résoudre ? Par celles et ceux qui rêvent de décroissance parce qu'ils profitent de l'abondance capitaliste mais qui n'évoquent jamais le communisme ? Car contrairement aux électeurs de Marie Toussaint, les classes subalternes n'ont pas vraiment les moyens de thématiser autour des tourments téléologiques BCBG. Soit qu'elles sont plongées dans une misère économique qui ne génère qu'une seule peur : celle du lendemain. Soit qu'elles subissent déjà le traumatisme de la perte irrémédiable de leur lieu de vie, poussées sur les voies de l'exil par les effets concrets du réchauffement climatique (inondations, incendies, tempêtes, etc.), soit par l'impérialisme colonial des pays développés, soit par des régimes autocratiques. Autant de commotions physiques et psychiques contre lesquelles les bourgeoisies occidentales, friandes du paradigme réformiste de la transition, sont largement immunisées.

Cette anxiété prosaïque des pauvres se trouve aujourd'hui redoublée par l'anxiété écologique des riches. Car au nom de la préoccupation légitime pour l'avenir de la planète, les bourgeoisies sensibilisées, *a fortiori* celles qui ont réussies (à s'élever socialement ou bien à bifurquer), produisent en permanence des discours moralisateurs sur les modes de vie des classes populaires – ces beaufs qui ne font pas l'effort de réfléchir au sens de l'histoire, étalant parfois de manière inconsciente un mépris de classe indécrottable. D'autant plus que derrière les croisades morales écocitoyennes (souvenez-vous les Gilets citoyens lancés en parallèle des Gilets jaunes) qui consistent à laisser croire que des changements de vie radicaux seraient naturellement à la

portée de tous, se profilent des réformes généralement punitives pour les gens de peu, comme la taxe carbone ou les zones à faible émission (ZFE). Des totems qui n'enrayent pas l'effondrement écologique mais permettent sans doute de soigner l'anxiété de classe. Ainsi de Yannick Jadot (je vous épargne Pascal Canfin) quand il admonestait les Gilets jaunes dans les médias : « les manifestations le samedi, il faut que ça s'arrête ». Ainsi d'une ancienne collègue de Greenpeace, me glissant à l'oreille, lors d'une tentative (ratée) de manifestation unitaire entre le mouvement climat et les Gilet jaunes, qu'elle « n'aime pas ces gens-là ».

Car la prolo-anxiété peut aussi s'entendre à l'envers, c'est-à-dire comme la peur des prolétaires, renvoyés à l'imaginaire des classes dangereuses. Une peur inavouée que connaissent bien les thuriféraires de l'écologie morale et consensuelle, si prompts à empiler les codes de bonne conduite autour du talisman de la non-violence et du « respect du vivant » sans jamais s'engager sérieusement contre la misère du monde. Il faut dire que pour les classes populaires, imperméables aux grands discours sur la fin du monde, l'enjeu écologique ne se donne pas sous les traits d'une aimable fresque du climat ou d'excitants *die-in* organisés dans les centres de conférence internationaux, mais sous ceux du martyr quotidien composé des pollutions ultra-agressives (sonores, lumineuses, chimiques) qui sous-tendent l'accumulation inégalitaire du capital et qui échappent aux récits solutionnistes de l'écologie réformiste. Une accumulation dont les écologistes ressourcés voudraient d'ailleurs définitivement les priver en stigmatisant sans nuance certains biens qui relèvent d'achats ostentatoires occasionnels, sans doute vulgaires et tristement conformistes, mais nécessaires pour se sentir un tant soit peu appartenir au corps social en dépit des relégations économiques subies. Bref, les environnementalistes du style de vie, tenants de la douceur et de la non-violence, ajoutent souvent aux violences environnementales une violence symbolique contre celles et ceux qui seraient trop bêtes ou égoïstes pour s'amender. Ce à quoi il faut répondre que l'angoisse existentielle liée à un système productif fondé sur la violence et l'exploitation auraient peut-être dû alerter cette bourgeoisie en mal d'empathie bien avant que ses intérêts matériels ne soient problématisés par la crise climatique ; c'est-à-dire avant que sa propre existence, en tant que groupe social, ne soit brutalement menacée par la fin du monde.

L'ANGOISSE EXISTENTIELLE LIÉE À UN SYSTÈME PRODUCTIF FONDÉ SUR LA VIOLENCE ET L'EXPLOITATION AURAIENT PEUT-ÊTRE DÛ ALERTER CETTE BOURGEOISIE EN MAL D'EMPATHIE BIEN AVANT QUE SES INTÉRÊTS MATÉRIELS NE SOIENT PROBLÉMATISÉS PAR LA CRISE CLIMATIQUE ; C'EST-À-DIRE AVANT QUE SA PROPRE EXISTENCE, EN TANT QUE GROUPE SOCIAL, NE SOIT BRUTALEMENT MENACÉE PAR LA FIN DU MONDE.

L'attribut de la mauvaise foi capitaliste

Et si les causes de « l'écoanxiété » étaient un peu plus complexes que le simple constat d'un futur inexorablement hostile ? Si l'écoanxiété résultait plutôt des contradictions et des lâchetés afférentes à la condition bourgeoise occidentale ? Et si les vagues à l'âme n'étaient pas d'abord l'apanage de celles et ceux qui cultivent l'écologie comme un simple supplément d'âme ? En somme, le dépôt résiduel niché dans l'inconscient des classes sociales incapables d'écologiser ni leur mode de vie ni leur style de pensée jusqu'au bout, ce que le sociologue Jean-Baptiste Comby qualifie d'une formule simple, mais juste : celles et ceux qui sont « écolos mais pas trop ». Ces derniers se trouvent dès lors en proie à une forme de dissonance cognitive lancinante, de névrose coupable, de mauvaise foi existentielle. Car les classes populaires qui subissent les brimades morales de la bourgeoisie sensibilisée se trouvent déjà, à force de précarité, dans les clous de la « sobriété » : leur empreinte matérielle se rapproche des niveaux acceptables pour respecter les limites planétaires, même quand elles conduisent un SUV. Mais la bourgeoisie rompue au nombrilisme émotionnel, au compost et aux dons défiscalisés : loin de là (l'empreinte carbone des 10 % de ménages les plus modestes se situe entre 3 et 4 tCO_2eq par an, la moyenne française entre 9 et 10, celle des 10 % les plus riches entre 30 et 31). Et tout le monde, de manière plus ou moins insidieuse, le sait bien. Aussi l'écoanxiété n'est-elle en fin de compte que l'intuition envahissante de sa propre fausseté, quand elle n'est pas une manière raffinée d'exprimer son spleen, avec les profits symboliques associés, ceux de la noble attitude, de l'œcuménisme bon teint.

> **ET SI LES VAGUES À L'ÂME N'ÉTAIENT PAS D'ABORD L'APANAGE DE CELLES ET CEUX QUI CULTIVENT L'ÉCOLOGIE COMME UN SIMPLE SUPPLÉMENT D'ÂME ?**

Bien entendu, l'angoisse devant la catastrophe écologique est légitime (il ne s'agit ici que de problématiser la manière dont le système cristallise ce sentiment et ce qu'il en fait). Mais elle devient pathétique si elle ne s'accompagne pas d'une conscience aiguë des inégalités et d'une *praxis* adéquate. Sans quoi elle devient euphémisation de sa propre hypocrisie ; le moment où la fausse conscience se change en mauvaise conscience. Mauvaise conscience de continuer à croire dans l'accompagnement du système capitaliste, dont les bienfaits relatifs fondent les affects des classes dominantes, tout en sachant très bien que les curseurs de l'effondrement excèdent de beaucoup les vains remèdes qu'on lui oppose dans cette doctrine : croissance verte, énergies renouvelables, compensation carbone, etc. En somme, « faire sa part pour se mettre à l'abri de la critique » (Comby) sans questionner son propre statut social. Autrement dit, souhaiter que tout change sans que rien ne change vraiment.

Faut-il rappeler les évidences ? Ce n'est pas en votant pour les Écologistes parce que Mélenchon fait trop peur que les tables du capitalisme seront renversées. Ce n'est pas en multipliant les spectacles récréatifs que l'ordre social sera bouleversé. Ce n'est pas en évitant de parler du capitalisme que le capital sera muselé. Ce n'est pas en triant ses déchets qu'on forge de nouvelles alliances de classe. Ce n'est pas en se lamentant sur un avenir distant qu'on affûte une force révolutionnaire présente. Et tout le monde le sait bien. Par conséquent, s'entêter dans le cadre de l'écologie réformiste en dépit des évidences ne peut qu'élargir le hiatus entre la pureté des intentions et la duplicité des pratiques, renforçant par-là les contradictions à la source de l'écoanxiété.

Car ce ne sont pas les prévisions sur la fin du monde qui sont alarmantes, mais bien l'inaction politique générale. Qu'il s'agisse des pratiques du spectacle ou du registre des vaines lamentations, les remèdes à l'écoanxiété concourent finalement à détourner les agents sociaux de l'action politique réelle, donc à s'auto-entretenir *ad vitam aeternam* dans une circularité dégradante.

UNE LECTURE SÉRIEUSE DES DIAGNOSTICS SCIENTIFIQUES DEVRAIT PORTER VERS LA PANIQUE, ET UNE LECTURE CONSÉQUENTE DE L'ORDRE SOCIAL RÉVEILLER LA FUREUR.

En définitive, l'écoanxiété est un artefact discursif socialement situé qui façonne un affect absolument stérile : il amollit les consciences au lieu de les aguerrir. Il accable au lieu d'enrôler. Il dispense l'écologie de se donner les moyens de ses fins. Ce faisant, il envoie des bataillons entiers vers la résignation et nous condamne à la lâcheté comme sortilège universel. Au lieu de digresser à l'infini en consultant des manuels, il serait temps de passer à l'action en se tournant vers la lutte collective. C'est la seule manière de dépasser cet enchantement malheureux, ce trouble inadéquat. Car une lecture sérieuse des diagnostics scientifiques devrait porter vers la panique, et une lecture conséquente de l'ordre social réveiller la fureur. Il n'y a rien à réformer, rien à pleurer. C'est une révolution qui nous appelle. ■

PSYCHO

POURQUOI **LES ÉMOTIONS** SONT PLUS INTÉRESSANTES QUE **LES IDÉES ?**

PAR MAXIME DEVARS

La scène est désormais connue. Assis à la table du dimanche chez tante Claudine, en compagnie de vos grands-parents, oncles et petites cousines, vous vous demandez bien encore pourquoi vous êtes venus cette fois-ci. Le menu et les discussions sont toujours les mêmes: poulet, champignons et blabla de Tonton Hervé sur l'état du Monde. Tout y passe : les Arabes, le réchauffement climatique mon cul, on peut plus rien dire, les assistés, la guerre civile, les Arabes, ces conneries de MeToo... Las, vous tentez de porter la contradiction à ce monologue un peu navrant. Votre argumentation est solide. Normal, vous lisez *Frustration*. Vous défaites, point par point, les balourdises. Vos propos sont bien construits et agrémentés de quelques chiffres édifiants. Vous vous trouvez bon dans cet exercice. Mais votre quart d'heure de gloire sera rapidement douché. Une tension palpable s'invite à table. Le ton monte, les bras s'agitent. Votre oncle n'est d'accord sur rien et Mamie Françoise, qui déteste les conflits (et donc les discussions politiques), regarde son assiette en attendant la fin de ce moment très gênant. Vos nièces accueillent avec soulagement l'arrivée du dessert. Un long silence s'installe. La conclusion de ce grand débat familial ne sera pas heureuse. Retrouvant son calme, Tonton Hervé ne se tournera pas vers vous pour dire, d'un ton lucide et apaisé : « Tu vois Maxime, en t'écoutant depuis tout à l'heure, je réalise à quel point je suis un gros con raciste. Tiens, finis mon clafoutis. Si, j'insiste! Je ne le mérite pas. »

•

Nous sommes certainement nombreux à en faire l'expérience avec nos proches. On ne change pas les idées des gens avec d'autres idées. Il se produit même des oppositions qui se renforcent. Tonton Hervé est souvent prêt à persévérer longtemps dans ses certitudes pour me prouver que j'ai tort et qu'il a raison. Sans rancune, je suis moi-même du genre têtu. Les seules idées, en tant que représentations intellectuelles abstraites, sont impuissantes à produire un effet sur nous et les autres. Pour que des idées soient agissantes – et cela arrive parfois – elles doivent être associées à un ingrédient indispensable : des émotions. Une idée ne peut trouver pleinement son ancrage en nous que si elle est associée à un affect qui trouve une résonance dans nos corps. Sans quoi cette seule idée restera purement théorique et conceptuelle.

Les seules idées, en tant que représentations intellectuelles abstraites, sont impuissantes à produire un effet sur nous et les autres. Pour que des idées soient agissantes – et cela arrive parfois – elles doivent être associées à un ingrédient indispensable : des émotions.

Peur, joie, dégoût, tristesse, colère, surprise sont considérées comme les six émotions fondamentales. Celles-ci sont complétées par des variations subtiles d'émotions liées aux contextes sociaux et relationnels : envie, honte, empathie… et sans doute une infinité d'autres nuances et variations, la preuve n'étant pas faite à ce jour d'un nombre limité d'émotions déterminées.

Les émotions relient les registres psychologiques et biologiques. L'émotion est un état complexe accompagné de signes physiologiques (rougissement, sudation…) et autres sensations métaphoriques (papillons dans le ventre, boule dans la gorge…). Ces ressentis physiques, agréables ou désagréables, sont le marqueur de nos états émotionnels. Une émotion est un processus ancré dans notre corps, sous l'épiderme, dans nos viscères, au fond du ventre. Les grands instants de nos vies ne sont pas articulés par notre seule rationalité intellectuelle consciente. Les grands instants de nos vies sont souvent affaires d'émotions. Je tombe amoureux de cette personne, non pas parce qu'elle mesure 1,63 cm et qu'elle logera donc sans mal dans ma Citroën Saxo – ce qui, ouf, m'évitera de changer de voiture – mais bien parce que *quelque chose* vibre en moi quand je la rencontre et apprends à la connaître.

Certains événements nous déplacent parfois tellement de nous-mêmes qu'ils nous font agir à l'encontre de toutes les prédictions. Nos émotions se déplacent. Pourquoi le morceau *Strange Currencies* du groupe R.E.M me laissait indifférent à 20 ans et me bouleverse-t-il à 40 ? Je sens bien que je peux être ainsi affecté différemment par un même objet à des moments différents. Pourquoi la lutte contre les méga-bassines recueillent toute mon admiration, là où Tonton Hervé n'y voit que des casseurs ? Un même objet n'a pas le pouvoir d'affecter pareillement des personnes différentes.

Cela étant, à quoi chacun est-il sensible ? Dans son livre *Les Affects de la politique* (Seuil, 2016), le philosophe et économiste Frédéric Lordon propose quelques éléments de réponse : « Notre trajectoire socio-biographique […] a laissé en nous des plis durables, quoique toujours modifiables en principe, au fil des affections, des rencontres qui nous ont marqués. Ces marques ont formé nos manières : manières de sentir, de juger, de penser. À quoi ai-je été exposé et quels plis en ai-je gardé ? Quelles rencontres, quelles situations, quels événements ont été marquants dans mon existence, c'est-à-dire, littéralement, ont laissé une trace, une disposition durable en moi ? » Ces traces se fixent parfois en nous et se densifient. D'autres, au contraire, ne seront pas ancrées de façon permanente. « Car les traces peuvent toujours être refaites en principe, par exemple par un long travail d'exposition à des affections contraires,

ou par la bascule soudaine d'une rencontre singulière bouleversante, personne, événement ou situation, une affection si puissante en tout cas qu'elle impose d'un coup sa nouvelle trace par-dessus les anciennes ». Les pensées, affects, voire les ressentis physiques, sont également maintenus (ou modifiés) par nos conditions matérielles d'existence. Lesquelles, précaires, médianes ou aisées, façonnent grandement notre rapport au monde et à soi-même. Le capitalisme affecte les corps et les esprits des travailleurs. Les conditions de travail (précarité, cadences infernales, insécurité) modifient non seulement notre santé physique mais également nos états émotionnels (fatigue, stress, colère).

Les médias *mainstream*, sous la coupe des puissances financières, sont d'une grande homogénéité sociale et constituent une puissante chambre d'écho pour les affects des dominants. Dans le choix des sujets traités, dans le traitement éditorial de ceux-ci...

UNE BRÈVE HISTOIRE DU MOT ÉMOTION

Paris, 1382. Écrasée par les taxes sur les produits de première nécessité, la petite paysannerie se soulève contre l'oppression fiscale imposée par la régence de Charles VI. Le mouvement prend de l'ampleur dans la population. Armés de lourds maillets de plomb, artisans, ouvriers et paysans s'en prennent aux collecteurs d'impôts. La noblesse est en sueur : c'est la révolte des Maillotins. Celle-ci est un des nombreux épisodes insurrectionnels que connaît le Moyen Âge. Ces révoltes populaires sont animées par des revendications fiscales et s'inscrivent dans un contexte de grande instabilité, de Guerre de Cent Ans et d'épidémie de peste. Certains textes de la Renaissance, commentant ces événements passés, emploient pour la première fois le mot émotion pour désigner ces soulèvements civils. La signification première d'émotion désigne donc l'agitation collective existant au sein du corps social. Comprendre : le bas-peuple. Construit sur le latin *emovere*, soit mouvoir/susciter, le mot émotion est alors porteur de connotations péjoratives : Les émotions des « sans-dents » sont vécues par la classe dominante de l'époque (la noblesse) comme nuisibles et déstabilisatrices. « Émotion » et « Émeute » ont la même étymologie. La figure du Pauvre est interprétée comme imprévisible et instable par opposition à celle du Noble, immobile et constante. Cette lecture de classe – déjà ! – valorise la stabilité et la fixité comme valeurs des puissants et rejette les émotions populaires, porteuses de chaos. Une perception toujours partagée, semble-t-il, par la classe dominante actuelle, à en juger par le déchaînement répressif qu'auront subi les récents mouvements contestataires (Gilets jaunes, Sainte-Soline, réforme des retraites, révolte des banlieues...). Plus largement, cette défiance à l'égard de la dimension émotionnelle se retrouve peut-être un peu dans des phrases courantes du type : « Elle est trop dans l'affect », «Il ne peut pas réfléchir clairement, il est débordé par ses émotions ». Discrédit des affects qu'il convient de brider par la froide rationalisation.

Regardant sa télé, Tonton Hervé, aide-soignant en Deux-Sèvres, se trouve soudainement en empathie avec un patron du CAC 40 interviewé par une chaîne d'info. Lequel patron dit se démener pour ses employés alors que ces derniers s'obstinent à maintenir le piquet de grève. Les ingrats ! Les médias *mainstream*, sous la coupe des puissances financières, sont d'une grande homogénéité sociale et constituent

une puissante chambre d'écho pour les affects des dominants. Dans le choix des sujets traités, dans le traitement éditorial de ceux-ci, transparaissent les angoisses de la bourgeoisie possédante: la perte des privilèges, la spoliation de la propriété, la peur des rouges... sont autant d'épouvantes viscérales qui orientent les corps et les esprits vers un réflexe de conservation de l'ordre existant. Sur le traitement médiatique tronqué, Lordon encore : « Toutes les manifestations de rébellion salariale sont systématiquement exposées à ce risque de la troncature et de la monstration incomplète. Tout spécialement les grèves, qui viennent "gêner" des usagers auxquels rien d'autre n'est fourni qui pourrait les déterminer à contre-battre cet affect exclusif de la "gêne" ». Passablement amputé de ses motivations premières, le sabotage d'une méga-bassine par des activistes se voit offrir un traitement médiatique allant à l'essentiel : un acte malveillant motivé par la seule pulsion de destruction. Invisibiliser les causes d'une telle action favorise naturellement des affects d'indignation et de condamnation chez Hervé. S'en suivra chez lui un affect de compassion à l'adresse des victimes d'un mal purement gratuit.

... transparaissent les angoisses de la bourgeoisie possédante : la perte des privilèges, la spoliation de la propriété, la peur des rouges... sont autant d'épouvantes viscérales qui orientent les corps et les esprits vers un réflexe de conservation de l'ordre existant.

Le grand mouvement social contre la réforme des retraites de 2023 a rassemblé énormément de gens autour d'un affect commun. La crainte de devoir poursuivre son travail jusqu'à un âge insensé. Cet affect a d'autant pu trouver facilement une résonance forte chez de nombreuses personnes qu'il s'accompagne d'une image projective très concrète : le devenir de notre propre corps usé, cassé et en proie à des cadences intenables. Cette séquence politique a certainement permis à beaucoup de personnes de se politiser dans la rue au gré des relations nouvellement constituées et des amitiés naissantes. Une expérience transformatrice, en quelque sorte. Nous sommes nombreux à être ressortis de tout cela avec une acuité politique augmentée, un rapport plus sensible au social et au commun. Les mouvements sociaux réussissent à transformer des affects individuels (peur, colère) en un sentiment collectif de solidarité et de lutte. La longue histoire des combats sociaux est riche d'exemples. La peur du chômage n'est-elle pas l'affect primaire qui conduira ainsi les ouvrières et ouvriers des montres Lip à occuper l'usine horlogère de Besançon (Doubs) dans les années 70 ? Concurrencée par les montres à bas coût, l'entreprise dépose le bilan en 1973. Officiellement sans patron, les salariés de l'usine décident, lors d'une assemblée générale, de maintenir l'outil de travail en poursuivant la fabrication des montres. L'usine se réorganise en autogestion. Les salariés produisent les montres, les vendent en direct à prix réduit et se paient. Ce fut le début d'un conflit social d'ampleur où les émotions collectives permirent une prise de conscience de classe : on peut se passer du patronat.

LA VOIE DE L'EXCEPTION

Mais à un niveau plus individuel et quotidien, comment contribuer à déplacer les affects de nos proches, amis et collègues ? Un procédé est souvent à l'œuvre dans notre appréhension ordinaire du monde : l'essentialisation. Dans un désir constant de généralisation hâtive, nous avons tendance automatiquement à chercher en chaque notion une *essence*

homogène et permanente, au mépris des cas particuliers. Par exemple, pour notre collègue droitard, il y a une essentialisation de la figure du gaucho : un personnage systématiquement élitiste, méprisant, donneur de leçons et carrément pas fun. Convenons bien volontiers que les « gauchos-chiants » sont nombreux. Cette généralisation, validée par des expériences relationnelles répétées, tend à limiter l'appréhension du réel social dans sa diversité et ses contradictions. Dans cette perception, il n'y a pas d'exception : les gauchos sont tous les mêmes. Il nous revient donc de créer l'exception dans cette perception qui n'en intégrait préalablement pas. Soyons « sexy ». Il ne s'agit pas ici de séduction érotique mais de séduction relationnelle. Soyons « cool ». Là encore, pas de méprise. Cela ne veut pas dire se comporter comme un chroniqueur en jean roulotté de chez Yann Barthès. S'il est vrai que l'espace du « cool » a été largement phagocyté par la bourgeoisie culturelle dite de gauche, un autre cool est possible: incarner, à notre façon, un rapport au monde désirable et s'employer à bâtir des relations de qualité. Stop donc aux postures professorales et dogmatiques. S'intéresser vraiment à ce que les personnes vivent et les rencontrer authentiquement comme elles sont, là où elles en sont est un bon début. Une personne qui rit poliment de vos blagues ne suffit pas à confirmer un lien de qualité. Une bonne relation signifie que la personne est assurée de vos intentions bienveillantes à son égard. Voilà où est le cool.

Soyons « cool ». Là encore, pas de méprise. S'il est vrai que l'espace du « cool » a été largement phagocyté par la bourgeoisie culturelle dite de gauche, un autre cool est possible : incarner, à notre façon, un rapport au monde désirable et s'employer à bâtir des relations de qualité.

Je travaille dans un service de pédopsychiatrie à l'hôpital public. Mon équipe soignante accueille en soins des adolescents. Théo*, 15 ans, est l'un d'eux. Il vit dans une petite ville et se dit terrifié par les marginaux qui squattent les bancs sur le parking de la supérette, en bas de chez lui. Cet ado développe des affects racistes et « anti-racailles » très marqués et confortés par sa culture familiale : le monde extérieur est une menace. À l'occasion d'une prise en charge, Théo rencontre Jean*, éducateur quinqua et gaucho-cool. Celui-ci combine charisme, culture punk et un sens de l'humour fédérateur. C'est le déclic. Théo se trouve, l'espace de quelques semaines, une figure d'identification. Il rit avec Jean et rêve de lui ressembler à son âge. Théo est pris d'un affect d'admiration envers le soignant de notre équipe le plus disposé à aller discuter sympathiquement avec des marginaux sur un banc, en partageant une 8.6. Déplacement des affects. Les exceptions sont des moments particuliers qui viennent contester la permanence d'un affect. En proposant des expériences relationnelles nouvelles, des affects alternatifs peuvent apparaître chez les individus. Bien sûr, cela ne fait pas tout mais cette relation est désormais enregistrée dans le vécu expérientiel de Théo. De nouvelles affections sont inscrites dans son corps et retenues par lui.

Il ne s'agit pas de jouer les naïfs en espérant un changement de société par de petits gestes mis bout à bout. Seule une exposition répétée à des affects alternatifs et le partage par le plus grand nombre d'émotions communes peuvent changer la donne. L'urgence écologique a par exemple ceci de significatif qu'elle place de plus en plus de corps et d'esprits dans une nouvelle disposition réactionnelle capable d'une grande puissance collective. À notre modeste niveau, participer à incarner et à partager des visions désirables de combats politiques à venir est tout sauf indigne. ■

* **Le prénom a été changé.**

TEST

Quel chef toxique avez-vous ?

Au travail, la confrontation avec sa hiérarchie est considérée, selon diverses études, comme le problème numéro 1 des salarié·es. Dans le système capitaliste, mais aussi dans les administrations et les associations, le principe même de la hiérarchie n'est jamais questionné, alors qu'elle dysfonctionne dans les grandes largeurs. Chef qui pratique la surveillance généralisée, directeur dont l'utilité pose question mais dont le gros salaire tombe tous les mois, harceleur moral, petit patron qui veut une « entreprise familiale » mais n'hésite pas à péter des câbles à tout bout de champ, patron de gauche qui décrète qu'il n'y a pas de chef mais prend toutes les décisions… et vous, quel chef toxique avez-vous ?

1 Ça y est, c'est le grand jour, vous venez d'être embauché·e ! Comment se déroule votre prise de poste ?

« Karine va te faire faire le tour du service, ensuite il faut que tu me remplisses ça, ça et ça et il faut que tu me renvoies la clause de confidentialité signée électroniquement puis à 10h05 on fera un point. »

« On va pas s'embarrasser avec toute cette paperasse, on verra ça plus tard, ici on se fait confiance ! »

« Tu vas venir avec moi, je vais te montrer comment on bosse ici, t'inquiète pas, faut prendre le temps d'apprendre, ça finira par venir. »

« Ton contrat n'est pas encore prêt mais il y a ce projet super important, ça te dit d'aller voir ? C'est un truc vraiment enthousiasmant. »

« Je te préviens, ici, c'est pas la récré, moi j'attends que mes collaborateurs donnent le meilleur d'eux-mêmes, faut se donner à 200 % si tu veux devenir quelqu'un ici, c'est clair ? »

2 Réunion de chantier / de projet / d'équipe du lundi matin : à peine remis du week-end, vous voilà entouré·e de vos collègues et de votre chef qui préside ce petit rituel hebdomadaire…

Ce sera court, efficace, et chacun·e aura pu s'exprimer librement.

Ce n'est pas seulement hebdomadaire, on en fait souvent, des réunions qui se veulent très « participatives », qui durent longtemps et qui vont un peu dans tous les sens…

Mon chef adore organiser des réunions, il y en a énormément, on s'y ennuie prodigieusement mais c'est nécessaire pour être tenu au courant des changements de procédures et des nouveaux modes de validation.

On y va l'estomac noué parce qu'il y a toujours un truc qui va pas et quelqu'un qui va en prendre plein la gueule, ouvertement ou de façon passive-agressive.

Ah non vous ne devez pas parler de moi, dans mon taf, les réunions ne sont pas à heures fixes, d'ailleurs il n'y en a pas vraiment, le chef nous parle des problèmes de la boîte pendant le déjeuner, ou pendant un verre après le boulot.

3 Jacques, votre collègue de la compta, n'est pas de très bonne compagnie ces derniers mois, non seulement il bosse au ralenti mais en plus il s'isole du reste des collègues…

Votre chef en a marre de Jacques et trouve que c'est un ingrat, avec tout ce qu'il a fait pour lui.

Jacques s'est pris une gueulante dans le bureau du chef, qui lui a dit « c'est pas le Club Med ici ! » et qu'« il avait intérêt à se bouger le cul ».

Votre chef rappelle à Jacques que son évaluation en pâtira et qu'il risque de perdre ses primes s'il ne change pas d'attitude, et l'invite à se rapprocher des RH.

Aux premiers signes d'isolement, votre chef s'entretient avec Jacques et lui propose un rendez-vous avec la médecine du travail.

Personne ne s'en mêle, et surtout pas votre chef.

4 La situation financière de votre organisation se tend : il y a eu des coupes budgétaires/de mauvais résultats/la perte d'une subvention.

Votre chef annonce qu'il va y avoir des décisions compliquées à prendre et, pour donner l'exemple, réduit drastiquement son propre salaire.

Un organisme extérieur vient expliquer comment faire des économies d'échelle en faisant davantage avec moins de moyens, votre chef approuve gravement.

Puisqu'on est « tous dans le même bateau », le chef vous annonce qu'il va falloir faire quelques sacrifices cette année.

Votre chef est stressé à mort, gueule sur tout le monde, accuse ses subordonné·es de « tous nous avoir mis dans un sacré pétrin. »

Votre chef fait la gueule, semble en vouloir à tout le monde, trouve que personne ne l'aide et qu'il est entouré d'incompétent·es.

5 Les démissions se multiplient dans le service/entreprise/association et celles et ceux qui partent expriment ouvertement leur mécontentement.

Votre chef organise plusieurs réunions pour comprendre les causes de ces départs et changer l'organisation du travail en conséquence.

Votre chef se sent trahi, ne comprend pas comment on peut lui faire ça, après tout ce qu'il a fait pour eux. Il dit que ce sont des « frustrés » et des « tireurs dans le dos ».

Votre chef se targue d'avoir refusé toutes les ruptures conventionnelles et assure à qui veut l'entendre qu'ils pourront toujours supplier pour revenir une fois qu'ils seront dans la merde.

Votre chef nie l'existence de démissions en masse. Ce sont des gens qui avaient des difficultés individuelles ou des projets personnels. C'est un *turn-over* absolument normal.

Votre chef trouve ça déplorable de quitter la structure dans un moment pareil, trouve ces démissionnaires « égoïstes ».

6 Vous êtes devenu·e très talentueu·se et compétent·e à votre poste et tout le monde vous fait des louanges. Votre chef, lui…

S'attribue tout le mérite de votre travail.

Est jaloux. Il n'aime pas que vous soyez aussi reconnu·e. Il vous change de poste.

Il vous félicite et valorise votre travail auprès des autres.

Est agacé. Comme vous maîtrisez bien vos tâches, vous ne prenez pas assez de temps pour remplir votre tableau de suivi et respecter les procédures. Il vous recadre.

Est effrayé. Il déteste se sentir concurrencé et voit bien que vous vous laissez moins impressionner. Il vous rabaisse, plus ou moins subtilement, vous met des bâtons dans les roues et fait tout pour compliquer votre travail.

7 Face aux mauvaises conditions de travail et aux petites payes, vous et vos collègues décidez d'établir une liste de revendications et vous présentez à plusieurs dans le bureau de votre chef pour négocier.

Votre chef vous invite à vous asseoir et vous suggère de créer une section syndicale pour avoir de meilleurs droits.

Votre chef vous renvoie à l'onglet « procédure de réclamation RH » sur l'intranet de l'entreprise et en appelle au respect du dialogue social.

Votre chef réagit violemment à votre arrivée, vous dit que c'est pas l'URSS ici et vous ordonne de retourner bosser au lieu de vous prendre pour Arlette Laguiller.

« Négocier ? Et pourquoi pas monter un syndicat ? On se connaît quand même, il suffit de venir chacun discuter si vous avez un problème, ma porte est grande ouverte ! »

« Non mais pour faire un métier comme le nôtre, il faut accepter des sacrifices ! Il y a des choses plus importantes qui se jouent : l'art/la politique/la solidarité/notre mission de service public là ! »

Résultats

LE CHEF AFFECTIF

Ce type de chef est très répandu dans des petites entreprises, dite « familiale » : il aime entretenir des liens personnels avec ses subordonné·es, n'aime pas les procédures et le droit du travail qui « complexifie tout » et trouve que le principal c'est de « se faire confiance ». Il tient souvent sa légitimité, dans les petites entreprises, du fait qu'il en est le fondateur ou le propriétaire. C'est celui qu'on ose pas trop contester car il nous a convaincu que l'augmentation de nos salaires ruinerait la boîte.

Ce qu'il recherche avant tout : la reconnaissance de ses subordonné·es, voir leur amour. Plus discrètement, son gros salaire / ses dividendes.

Sa contradiction principale : Il exploite le travail des autres mais veut que ces autres le considèrent comme un égal.

Ses + : quand on est en bons termes avec lui, il peut donner des promotions, être plus souple sur les horaires, être sympathique.

Ses - : si on est en mauvais termes avec lui, il peut nous faire vivre un enfer, d'autant plus facilement que très peu de règles existent dans son entreprise et que l'arbitraire règne.

Sa phobie : le syndicalisme et le terme « patron » car « on est tous dans le même bateau, on est une grande famille ».

Son arme secrète : le favoritisme et le management par l'affect.

Personnages inspirants : Steve Carell dans la série *The Office,* Jean-Pierre Bacri dans le film *Le Sens de la fête,* Stéphane Manigold, le « petit restaurateur » chroniqueur chez « les Grandes Gueules » et patron d'un groupe de restaurants et traiteurs, Xavier Niel, le start upper sympatoche qui possède en fait toute une partie de nos médias…

LE PATRON DE GAUCHE

Théorisé par Arthur Brault-Moreau dans *Le Syndrome du patron de gauche*, ce type de chef est très répandu dans le secteur culturel, le monde politique, le monde associatif et le service public. Il tient souvent sa légitimité de son parcours politique, culturel, de son prestige ou de son réseau d'interconnaissance. Dans des métiers *a priori* loin de l'exploitation capitaliste, le patron de gauche exerce un pouvoir sur les autres et en tire des bénéfices (financiers et symboliques), mais il le fait « pour la cause ». Pour lui, il n'y a donc pas d'exploitation, et tout le monde veut la même chose que lui. Par conséquent, pas de domination ni de hiérarchie possible, quand bien même il l'exerce de fait.

Ce qu'il recherche avant tout : ne pas être considéré comme un chef, encore moins comme un patron. Plus discrètement, son gros salaire et la reconnaissance sociale et le prestige qu'il tire de sa fonction.

Sa contradiction principale : il exerce une domination mais évolue dans un monde où il est nécessaire de ne pas trop le montrer.

Ses + : il peut parfois être contraint à exercer le pouvoir de façon plus horizontale ou « participative », mais cela reste souvent très théorique.

Ses - : son pouvoir étant invisibilisé, il est plus difficile à contester.

Sa phobie : le conflit.

Son arme secrète : invoquer la Cause.

Personnages inspirants : François Ruffin, Antoine de Caunes, Daniel Mermet (*Là-Bas Si J'y Suis*), Arnaud Montebourg, Jean Labadie (Le Pacte), Vincent Maraval (Wild Bunch)…

LE CHEF BUREAUCRATIQUE

Ce type de chef est en plein boom, dans les services publics comme dans les moyennes et grandes entreprises privées. Le chef bureaucratique est d'abord là pour faire appliquer des normes et des procédures, il exerce sa domination sur la base d'un règlement et de très nombreuses réunions. Il tient sa légitimité de son titre acquis au terme d'un parcours scolaire. La quête de profit ou d'économie a stimulé l'invasion de ce genre de chefs, le plus souvent nommés managers, dont la principale fonction est de contrôler et de contraindre les subordonné·es à agir de la façon la plus productive possible.

Ce qu'il recherche avant tout : le plus bel outil de *reporting* possible, pour contrôler les moindres faits et gestes de ses collaborateur·ices.

Sa contradiction principale : Il croit agir de façon très rationnelle au service d'une logique complètement irrationnelle qu'il ne questionne jamais.

Ses + : quand on a compris comment truander son tableau de suivi, on peut le mener à la baguette.

Ses - : difficile de le prendre par les sentiments.

Sa phobie : les pauses-café qui s'éternisent, les bruits de couloir, les blagues et la joie.

Son arme secrète : l'entretien annuel d'évaluation.

Personnages inspirants : Louis Schweitzer (ancien PDG de Renault), Philippe Varin (ancien PDG de PSA Peugeot Citroën), Anne-Marie Idrac (ancienne présidente de la RATP et de la SNCF), Pierre Moscovici (président de la Cour des comptes), Dwight Schrute dans la série *The Office*…

LE CHEF TYRANNIQUE

Le chef tyrannique pratique le harcèlement moral avec conviction. Il croit qu'en mettant la pression sur ses subordonné·es, il peut obtenir le meilleur d'eux. Il n'hésite pas à agir brutalement et son impunité tient grâce à la bénédiction de sa propre hiérarchie ou parce qu'il est propriétaire de l'entreprise.

Ce qu'il recherche avant tout : des subordonné·es soumis, qui ne pensent pas trop par eux-mêmes. Ainsi que sa propre mise en avant et réussite professionnelle.

Sa contradiction principale : il en a peu, il est bien le connard qu'il croit être.

Ses + : on peut bien vivre avec un chef tyrannique si on est soi-même un larbin délateur.

Ses - : on peut bien vivre avec un chef tyrannique si on est soi-même un larbin délateur.

Sa phobie : qu'on le ridiculise.

Son arme secrète : l'humiliation publique.

Personnages inspirants : Philippe Etchebest dans *Cauchemar en cuisine*, Steve Jobs, Elon Musk, Gordon Ramsay, Patrick Pouyanné (Total Energies)…

LE CHEF D'ÉQUIPE

Espèce en voie d'extinction, de plus en plus souvent remplacé par le chef bureaucratique, le chef d'équipe est un responsable hiérarchique qui faisait auparavant partie de l'équipe qu'il dirige et qui s'en sent encore partie prenante. Il tire sa légitimité de son expérience dans le métier. C'est un idéal de chef… mais existe-t-il vraiment et surtout, peut-on dire que c'est un chef ?

Ce qu'il recherche avant tout : la réussite et la prospérité du collectif, la transmission des savoir-faire.

Sa contradiction principale : s'il est au service d'un système capitaliste et/ou bureaucratique, il aura bien du mal à rester fidèle à ses convictions.

Ses + : c'est un chef avec qui on peut sincèrement discuter.

Ses - : c'est un chef.

Sa phobie : être obligé de faire de la merde.

Son arme secrète : le rappel de son expérience.

Personnages inspirants : Le major Richard D. Winters dans la série *Band of Brothers,* Zinédine Zidane…

TOP 10 DES FILMS HISTORIQUES

PAR ROB GRAMS

Il est difficile pour le cinéma de fiction de prétendre à la justesse historique. Toutefois des films peuvent nous éclairer sur des périodes, nous permettre de les découvrir, de s'y intéresser. Voilà 10 films sur des moments variés qui peuvent en faire partie.

10 **VALSE AVEC BACHIR**

Ari Folman, 2008, Israël

Anti-guerre et critique de l'invasion israélienne du Liban, ce dessin animé documentaire de l'israélien Ari Folman traite du massacre de Sabra et Chatila au Liban (septembre 1982) par les milices phalangistes chrétiennes, couvertes par l'armée israélienne.

9 **AU NOM DU PÈRE**

Jim Sheridan, 1993, Irlande

Adapté de l'autobiographie de Gerry Conlon, ce film raconte une erreur judiciaire où un jeune de Belfast fût accusé d'attentats qu'il n'avait pas commis en 1974. Ce long-métrage montre la réalité de la justice de classe et de la répression politique contre les irlandais.

8 **FULL METAL JACKET**

Stanley Kubrick, 1987, Royaume-Uni/États-Unis

Le film de Kubrick sur la guerre du Vietnam nous montre le processus de déshumanisation des soldats américains à travers leur entraînement militaire, leur conditionnement psychologique, leur dépersonnalisation et l'objectification de leurs ennemis.

7 **L'ARMÉE DES OMBRES**

Jean-Pierre Melville, 1969, France

Adapté de l'ouvrage du même titre de Joseph Kessel, le film explore la résistance française pendant l'occupation nazie, mettant en lumière les dilemmes moraux, la loyauté, et la dure réalité du combat clandestin.

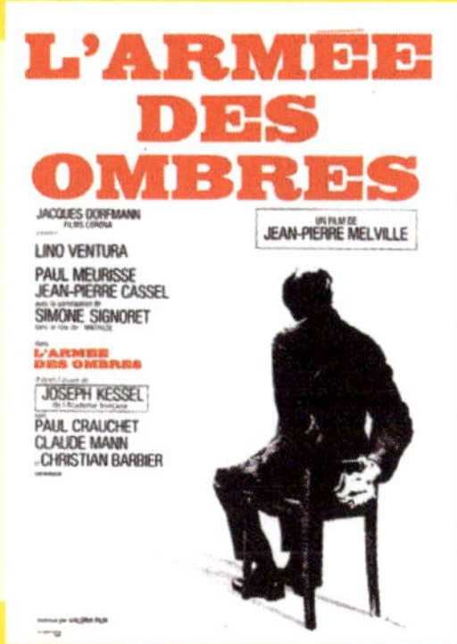

6 **LE VENT SE LÈVE**

Ken Loach, 2006, Irlande/Royaume-Uni

Ken Loach livre un récit passionnant sur la lutte pour l'indépendance de l'Irlande dans les années 1920, exposant les tensions politiques, sociales et familiales pendant la guerre d'indépendance irlandaise.

5 **12 YEARS A SLAVE**

Steve McQueen, 2013, Royaume-Uni/États-Unis

Le réalisateur Steve McQueen adapte l'autobiographie de Solomon Northup et expose la cruauté impitoyable du système esclavagiste contre les Noirs aux États-Unis au XIXe siècle, plongeant en profondeur dans le récit authentique d'un homme libre enlevé et réduit à l'esclavage.

4 **LA VIE EST BELLE**

Roberto Benigni, 1997, Italie

Roberto Benigni choisit la fable et le conte pour montrer, de manière poignante, l'horreur des camps de concentration et de l'Holocauste – dont l'étendue est par essence immontrable et indicible.

3 **MISSION**

Roland Joffé, 1986, Royaume-Uni

Ce film, situé en Amérique du Sud, raconte les questionnements des Jésuites espagnols au XIIIe siècle, envoyés en mission auprès des Guaranis. Il explore les conflits entre la colonisation européenne, la mission catholique et les droits des peuples autochtones en Amérique du Sud, dévoilant les conséquences dramatiques de l'impérialisme sur la spiritualité et la vie des populations indigènes.

2 **LAWRENCE D'ARABIE**

David Lean, 1962, Royaume-Uni

Situé pendant la Première Guerre mondiale, et plus précisément pendant la révolte arabe de 1916-1918, le film explore la personnalité complexe du britannique « Lawrence d'Arabie », officier qui favorisa la lutte des Arabes pour l'autodétermination contre l'Empire ottoman (dans l'intérêt des occidentaux).

1 **VOYAGE AU BOUT DE L'ENFER**

Michael Cimino, 1978, États-Unis

Se déroulant avant, pendant et après la guerre du Vietnam, le film fût vivement critiqué à sa sortie pour sa représentation du peuple vietnamien.

Mais l'objet de *The Deer Hunter* (titre original) est avant tout de montrer comment la guerre utilise et détruit la classe ouvrière.

3 Perspectives heureuses

DOIT-ON LAISSER LE SPORT

PAR CAMILLE LIZOP

KIDS PLAYING SOCCER, GEOMANGIO IN PARIS, CC-BY-2.0

SPORT

À LA DROITE ?

Le sport, comme la musique, est à la fois : un loisir, une industrie, un outil de domination. Comme la musique, le sport peut être festif ou laborieux, joyeux ou pénible. On peut les pratiquer de façon militaire ou ludique. On peut en faire un moyen de torture comme un levier d'émancipation.

Fort de cette ambivalence, le discours officiel sur le sport joue de son potentiel émancipateur. Les Jeux Olympiques incarnent cette rhétorique qui, sous couvert de joie, de santé et de lien social, soutient et renforce une industrie du sport particulièrement capitaliste, polluante, inégalitaire.

Faut-il abandonner l'intérêt pour le sport, quand il incarne l'idéologie du « plus vite, plus haut, plus fort[1] » ? Que faire des notions de performance et de dépassement de soi quand on prône l'égalité et la solidarité, dans la perspective d'une société émancipatrice et qui prend soin ? Comment remettre les pendules à l'heure et se réapproprier la valeur de notre transpiration ?

« ALLEZ LES FIIILLES ! JU-SQU'AU-BOUUT ! » À chaque fois, quand je rentre de la gym suédoise, j'ai la voix de la prof et ses mantras dans la tête. Il y a quelques années, je me serais moquée mais maintenant j'aime bien. Même les petits mots spirituels entre les séries de squats et les fentes arrières, même la tendance *girly* sur fond américanisant. Parce que, surtout, dans ces cours : ça respire, ça transpire. On souffle fort et après on se sent mieux. Mon récent amour pour... le sport, donc, s'est accompagné d'une tendance prosélyte difficile à contrôler. Ça me fait tellement de bien que je veux partager la bonne nouvelle. Tout le monde mérite des petites courbatures et un max d'endorphines.

Le problème c'est qu'apparemment, le sport, c'est « de droite ». Et c'est quelqu'un de gauche qui le dit, à savoir le journaliste Mathieu Slama, dans un tweet du 6 août 2024.

Le très réactionnaire Denis Tillinac en convenait déjà, dans un édito de 2007 publié sur le site de *Libération*, qui titrait : « Oui, le sport est foncièrement de droite ».

Dans ce texte, le journaliste dresse un portrait de Nicolas Sarkozy, alors néo-président de la République. L'élu est comparé à un « champion » : comme un grand sportif, « il a vaincu ». En sport, comme en politique, « il faut vaincre l'adversaire sans pitié. Car seule la victoire compte. »

Tillinac décline : en littérature, « l'obsession du style définit un écrivain de droite ». Même histoire avec le sport, où la gauche « fraternise sans outrecuidance avec le vaincu, pourvu qu'il ait été loyal et valeureux. » Les gauchistes préfèrent le cycliste Poulidor, « Poupou » – talentueux mais besogneux, toujours numéro deux – quand la droite n'a d'yeux que pour « l'archange blond Anquetil » – toujours premier. Le journaliste assigne à la gauche une culture de la défaite et au sport, une tendance à la cruauté. Il y aurait la droite victorieuse et les autres : de gentils *loosers*.

Est-ce qu'on va laisser encore longtemps la droite s'approprier et s'accaparer la culture de la victoire ? Est-ce qu'on va lui laisser le terrain du sport pour cheval de bataille ? Pas du tout.

LES VALEURS DU SPORT, LA VALEUR DU SPORT

CE DONT ON PARLE

Il y a l'EPS et les clubs, les assos et les salles, et puis les applis de sport. Il y a l'exercice pour passer le temps, pour ne pas se perdre ou pour se tester. Il y a encore tout l'informel, le « sport » sans faire exprès – en se baladant ou en déménageant (du « sport utile »), contre son gré (les béquilles), de mobilité. Bref, le sport de haut niveau et les compétitions internationales ne sont pas tout. En fait le sport c'est quoi ?

Déjà le « sport » est un terme assez récent, bien que la pratique existe depuis la nuit des temps. Chez les Grecs déjà, la pratique sportive est centrale. Le gymnase est un QG et les jeux panhelléniques sont un moment crucial. Les jeux, à l'époque, ce sont des fêtes religieuses au cours desquelles l'aristocratie (qui a suffisamment de temps et d'argent pour s'entraîner et pour qui les prouesses athlétiques comptent beaucoup) vient concourir. Pourtant, le concept de sport en tant que tel n'existe pas encore. Le mot le plus proche, c'est « *agôn* », qui signifie « lutte » ou « compétition[2] ».

Jusqu'à la fin du XVIIIe siècle, différentes pratiques sportives se développent, mais de façon relativement informelle, sans règles écrites ni délimitation du terrain ou du nombre de participant·es. Sauf que ça va bien deux minutes, le sport à l'arrache.

La révolution industrielle se chargera de faire évoluer tout ça, en devenant le berceau du sport moderne. Un sport désormais organisé en structures locales, nationales et internationales, et régi par des règles écrites. Les premiers clubs sportifs voient le jour dans les années 1750 : le Jockey Club d'abord, puis le Royal and Ancient Golf Club. Excusez-les du chic. Au début du XIXe siècle, on voit fleurir différentes écoles de sport. Ils ne sont pas loin, les Jeux Olympiques modernes : la France renoue avec l'esprit olympique, et organise en 1796 la première Olympiade de la République.

La voie est toute tracée pour que le délicieux Pierre de Coubertin, féru de sport et promoteur de l'éducation physique à l'école, appelle en 1892 au rétablissement des Jeux Olympiques – pour les hommes, bien entendu : « leur rôle [aux femmes] devrait être surtout, comme aux anciens tournois, de couronner les vainqueurs ».

Quatre ans plus tard, on fête la naissance du Comité International Olympique (CIO). Une industrie se met en place, ainsi qu'une gouvernance et ses institutions, venant acter la distinction entre le sport, caractérisé par son ancrage institutionnel, et l'activité physique.

L'essor du sport moderne, porté par les classes dominantes, ne va pas sans son discours, son idéologie, son imaginaire.

COMMENT LA BOURGEOISIE EN PARLE

Dans un ouvrage intitulé *Sportwashing*, David Blough, spécialiste de l'impact social des pratiques sportives, fait le point sur la mythologie qui auréole le sport, en lui attribuant des valeurs positives intrinsèques. Le sport, ce serait la santé. L'école de la vie. On pourrait circuler, il n'y aurait rien d'autre à voir.

Les Jeux Olympiques incarnent cette idéologie : en réunissant « le monde » pour concourir, ils prétendent envoyer un message de paix, incarner le vivre-ensemble. Deux semaines durant, les seuls rapports de force existants seraient ceux du ring ou de la piste.

En plein « Paris 2024 », Anne Hidalgo raconte : « Quand il y a un ressenti partagé de fraternité, de sororité, d'humanisme [...] on est fiers ! Il se produit quelque chose d'incroyablement positif [...] pour l'humanité, parce qu'il y a une connexion qui se fait entre les gens, [...] où ils disent : c'est pas complètement foutu, on peut être [...] heureux ensemble[3] [...] ».

LE ROI OENOMAUS, HIPPODAMIE ET LES DIEUX DE L'OLYMPE (THE STAPLETON COLLECTION, DOMAINE PUBLIC)

Ce discours du sport-solution est corroboré entre autres par la fameuse « trêve olympique », visant à faire cesser les conflits dans le monde à partir de sept jours avant l'ouverture des jeux et jusqu'à sept jours après leur clôture.

On a envie d'y croire, bien sûr. Sauf que.

D'abord, il faut bien relever la contradiction majeure entre ce discours qui attribue au sport un rôle géopolitique majeur et, d'autre part, le discours apolitique, qui martèle que le sport n'a rien à voir avec les affaires de la cité. Comme le déclarait Emmanuel Macron quelques jours avant l'ouverture du Mondial de football au Qatar : « c'est une très mauvaise idée de politiser le sport ». Ben voyons.

Alors, organisation stratégique et creuset de la paix dans le monde, ou fabrique de divertissement quoi qu'il en coûte ? Le cœur du CIO balance.

À coups de fraternité, d'ascension sociale et de bonne santé, le sport est érigé en formule magique. Qu'importe la façon dont il est pratiqué ou financé, il serait intrinsèquement bon. Il serait la réponse à tous nos maux – de la pauvreté au racisme en passant par la maladie et le manque de lien social.

CEPENDANT (LE SPORT TUE)

S'il résout tout, comment expliquer les travers et autres pathologies liées au sport, quand ça tourne mal ? Attention, jargon :

Comment expliquer la bigorexie ? Les personnes souffrant de bigorexie sont addictes à l'exercice physique, ont une pratique compulsive, excessive et incontrôlable du sport. Elles sont obsédées par leur performance et/ou par leurs muscles. Elles continuent à pratiquer malgré les blessures physiques, interférences avec le travail ou la vie sociale, et supportent très mal la privation d'exercice.

Comment expliquer la *gymtimidation* ? La *gymtimidation* désigne le fait d'être intimidé·e par les environnements sportifs. C'est un phénomène qui touche environ 35 % des hommes et 65 % des femmes[4] et qui constitue un vrai frein à la pratique sportive. Conséquence numéro une : l'autocensure, ou le fait de se retenir d'aller à la salle ou d'aller courir (même si dans ce cas, le harcèlement de rue y est pour beaucoup, puisqu'il nuit à 43 % des femmes, selon une étude de Runner's World[5]). Sans compter la part importante des traumatismes et blocages hérités des cours d'EPS[6].

Comment expliquer, encore, les athlètes qui meurent de leur sport ? Des gymnastes « pesés trois à quatre fois par jour pour être maintenus en sous-poids[7] » aux retraites anticipées des joueurs de rugby, pour cause de blessures et de douleurs chroniques aux articulations. Sans compter les morts. En 2018 en France, six personnes âgées de 17 à 21 ans sont décédées des suites d'une blessure lors d'un match.[8]

LE SPORT N'EST EN TANT QUE TEL NI BON NI MAUVAIS, TOUT DÉPEND DE CE QUE L'ON ENTEND PAR « SPORT ». ON POURRA ALORS SE DEMANDER À QUELLES CONDITIONS LE SPORT PEUT SERVIR NOS INTÉRÊTS.

Comment expliquer, enfin, les violences des hooligans ou des scènes de vestiaire ? Les agressions sexuelles et le contrôle social[9], les scandales financiers ou écologiques qui traversent le monde du sport ? Comment expliquer le rôle majeur du sport dans les régimes fascistes ainsi qu'au sein de l'extrême droite contemporaine ?

La faute aux individus, peut-être ? Il en irait de la musculation comme de l'alcool, qu'il suffit de consommer avec modération. De la salle de sport comme de l'entreprise, qu'il faut affronter avec deux fois plus de détermination quand on est une femme.

Comment le sport tout puissant peut-il être à la fois synonyme de progrès social et de domination ? Vous vous êtes déjà demandé comment Dieu pourrait à la fois exister et laisser passer les guerres ?

Accordons-nous si vous le voulez bien sur l'idée que le sport n'est en tant que tel ni bon ni mauvais, que tout dépend de ce que l'on entend par « sport ». On pourra alors se demander à quelles conditions le sport peut servir nos intérêts.

HOOLIGANS ENVAHISSANT UN STADE DE FOOTBALL EN 1990 (BUNDESARCHIV, BILD 183-1990-0414-009 / WOLFRIED PÄTZOLD / CC-BY-SA 3.0, CC BY-SA 3.0 DE VIA WIKIMEDIA COMMONS)

NOS CORPS, NOS LUTTES, NOS VICTOIRES

POURQUOI LES MOUVEMENTS POUR LA JUSTICE SOCIALE DOIVENT INVESTIR LE SPORT

L'industrie du sport n'échappe pas à la logique commerciale, qui la caractérise désormais[10]. Les grands événements sportifs doivent entre 50 et 80 % de leur financement à quelques multinationales, comme Coca-Cola qui a déjà investi plus de 3 milliards d'euros dans le sport[11].

Les investisseurs en ont pour leur argent. Pas folle, la guêpe. Louis Vuitton l'a bien compris, on l'a vu avec Paris 2024, sa petite poule aux yeux d'or[12].

Cependant, malgré les quelques infrastructures qui font toujours plaisir, ces millions et ces milliards ne ruissellent pas beaucoup. En dépit des exceptions qui confirment la règle, « les athlètes restent des pauvres comme les autres[13] » et les sponsors[14], des puissants comme les autres.

Derrière de grands discours et de beaux symboles, les dynamiques structurelles moins reluisantes persistent. À défaut de paix sociale, la bourgeoisie s'achète un peu de répit à grand renfort de propagande.

Il est donc essentiel de se positionner par rapport à l'industrie du sport et ses ressorts financiers.

Cette prise de position s'inscrit dans un ensemble plus large, puisque l'industrie du sport cristallise bon nombre des luttes pour l'égalité, à commencer par la précarisation des travailleur·euses. Entre réduction des coûts et salarié·es sous pression, quand iels ne sont pas licencié·es au profit d'intérimaires, la chaîne low-cost Basic-Fit incarne bien ce point, comme le montre la série d'articles dédiée sur le site de *Mediapart*[15].

Il est donc temps de démystifier l'histoire du sport-solution et de démonter encore les ressorts de la propagande olympique et de ses divines promesses. L'enjeu, cependant, c'est de ne pas jeter le bébé avec l'eau du bain.

Si le sport moderne s'est développé dans le sillage du sport antique, qui renvoyait à trois notions fondamentales : *agôn* (« lutte/compétition »), *arétè* (« excellence ») et *kléos*[16] (« gloire »), rien ne nous empêche de renouveler le socle conceptuel sur lequel repose notre approche du sport.

À nous de visibiliser et de développer une culture physique et sportive qui relève du soin, pas de l'exploitation.

COUPE DU MONDE 2022 AU QATAR, FRANCE VS AUSTRALIE (TASNIM NEWS AGENCY, CC BY 4.0)

À QUOI RESSEMBLERAIT UN SPORT ÉMANCIPATEUR?

En fait, l'histoire de la gauche est déjà très liée au sport. À la fin du XIXe siècle, le sport français est encore majoritairement bourgeois et élitiste. En parallèle cependant, des tentatives d'organisation alternative émergent à travers le mouvement ouvrier, avec pour ambition de ne pas laisser l'apanage du sport aux bourgeois ou aux catholiques.

C'est du moins le projet de Paschal Grousset, un ancien communard qui contribue au lancement de la Ligue Nationale de l'Éducation Physique (LNEP) en 1888. En opposition au Comité de Propagande des Exercices Physiques, créé la même année par Pierre de Coubertin, la Ligue de Grousset rejette la compétition et promeut un idéal fraternel d'éducation populaire. Elle sera suivie par d'autres, comme la Ligue Girondine d'Éducation Physique (LGEP), devenue FFEPGV (fédération française d'éducation physique et de gymnastique volontaire).

Au début du XXe siècle, le sport ouvrier prend de l'ampleur, sous l'influence notamment d'Abraham Henri Kleynhoff, un journaliste membre du Parti ouvrier socialiste révolutionnaire et féru de sport. Malgré la défiance qui règne alors vis-à-vis du sport (loisir bourgeois considéré comme un outil d'extension du domaine de l'exploitation capitaliste) ; malgré le décalage, aussi, avec la réalité ouvrière (on ne voit pas bien comment convaincre l'ouvrier exténué par sa tâche quotidienne de pratiquer une activité sportive en rentrant du travail), Abraham Henri Kleynhoff est convaincu que « la classe ouvrière française doit s'organiser sur tous les terrains, y compris ceux de sport[17] ». Il finira par trouver du soutien, jusqu'à fonder en 1909 la Fédération Sportive Athlétique Socialiste (FSAS). En parallèle, différents groupes se fédèrent dans des universités populaires. Des sections sportives se développent à travers les partis, mettant en pratique une vision du sport qui prône l'égalité et la solidarité.

Viennent ensuite les mouvements syndicalistes et anarchistes. En 1934, de la fusion entre une fédération sportive communiste et l'autre socialiste, naît la Fédération Sportive et Gymnique du Travail (FSGT), avec un but : promouvoir les valeurs humanistes du sport contre les valeurs de l'extrême droite. Le Front Populaire, lui aussi, fait grand cas du sport et défend sa démocratisation, ainsi que celle du temps libre et du loisir, jusqu'à nommer pour la première fois un sous-secrétaire d'État aux sports et loisirs. Ce sera Léo Lagrange, en 1936. La même année, alors que se préparent les Jeux Olympiques de Berlin, trois ans après l'arrivée de Hitler au pouvoir, un comité spécifique monté en Catalogne propose d'organiser des contre-jeux : les Olympiades populaires de Barcelone – finalement annulées à la dernière minute pour cause de coup d'État franquiste.

On pourrait aussi parler du « groupe de propagande cycliste », qui parcourait le Cher tous les étés de 1900 à 1914, en chantant *L'Internationale,* fanions rouges au vent[18]. Ou encore, du réseau de résistance Sport-libre, fondé en 1941 par Auguste Deleaune.

Aujourd'hui, la tradition de la danse dans la lutte connaît un renouveau incarné à Paris par la militante Mathilde Caillard (MC danse pour le climat). Les tournées à vélo se perpétuent et les mouvements subversifs se développent, de l'équipe pyrénéenne d'alpinisme féminine jusqu'aux Climatosportifs. Les salles de sport adaptées au handicap se développent tant bien que mal, comme S.P.O.R.T. à Lyon (Gerland) et les associations LGBTQIA+ telles qu'OUTsiders

à Paris font la promotion d'une pratique sportive ouverte et inclusive, qui rime avec partage et convivialité. Il faut écouter, enfin, les nombreux témoignages recueillis par le podcast Vent Debout, qui « remet le sport à sa place politique ». Sans oublier les élu·es comme Manon Aubry, qui prennent la parole sur le sujet, rappelant que le sport n'est pas condamné à prolonger la politique néolibérale, et que « le sport, même lors de grandes fêtes, n'est pas incompatible avec les normes sociales et environnementales[19] ». Puisque la « bifurcation » du sport ne se fera pas sans de réelles transformations sur le plan politique et législatif, on peut écouter celles et ceux qui travaillent sur le sujet, et lire les notes de la FSGT, présentant par exemple 22 propositions pour le droit au sport pour toutes et tous à l'occasion des élections présidentielles de 2022.

LÉO LAGRANGE À LA FINALE DU CHAMPIONNAT DE FRANCE DE RUGBY 1937 (BULLETIN MUNICIPAL DE LA VILLE DE TOULOUSE - MAI 1937, P. 305.)

UNE APPROCHE DÉVIANTE, GLOBALE ET SITUÉE

Là où je pratique la gym suédoise, on transpire pas mal, on écoute nos corps, et on ressort avec plus d'énergie qu'on n'en avait en arrivant. Par contre, on ne se parle quasiment pas, les profs changent souvent et les créneaux des cours sont annoncés sur une appli d'une semaine à l'autre. C'est ultra-flexible, pas très cher et illimité. Aussi, les professeur·es sont en fait présenté·es comme des « animateur·ices ». Pendant le cours, on ne nous corrige pas, on nous invite plutôt à « s'adapter » (!) si c'est trop dur.

En fait ce cours, c'est un défouloir et c'est déjà pas mal. Parce qu'il y a différentes excellentes raisons de faire du sport : socialiser, sentir son corps et prendre soin de lui, se vider la tête, réguler ses émotions, prendre du plaisir, se défouler, avoir confiance en soi, se sentir plus puissant·e, évoluer dans un espace non marchand où il n'y a rien à consommer, se détourner de nos addictions (qui généralement nous rendent moins puissant·es).

La question se pose différemment quand on passe la journée à exercer un métier physique ou à travailler à l'usine. Mais même dans ce cas, aller à la salle peut être salvateur. Comme un moyen de se réapproprier son corps parce que cette fois, on a le choix dans la cadence. On contrôle quelque chose. Dans son ouvrage *La Fabrique du muscle*, le chercheur et *bodybuilder* Guillaume Vallet parle de cette recherche d'une « souveraineté de l'intime », et de la revanche sociale que l'on peut trouver dans le sport[20].

Puisque les possibilités, les besoins et les contraintes diffèrent selon les conditions physiques, psychiques et matérielles, un sport émancipateur est un sport situé. C'est un sport qui convient au contexte, une pratique qui a du sens pour nous ici et maintenant. Dans le sport officiel ou de haut niveau, c'est au contraire la standardisation qui prime : « où que l'on soit, qui que l'on soit, on doit faire la même chose pour se comparer[21] ».

D'autre part, une pratique sportive qui ne soit pas obsédée seulement par le projet d'un joli petit boule à venir est une pratique qui s'inscrit dans une démarche plus globale de bien-être[22]. Il y a du chemin à faire car pour l'instant, la plupart du temps, le cours d'EPS est « un *checkpoint* de conformité physique, pas un enseignement. Ou sinon, il serait aussi accompagné de cours de diététique[23]. » Avec une approche globale, le sport n'est pas réduit au pur effort physique. Il s'agit d'accompagner l'activité physique d'une réflexion transversale sur son mode de vie, son alimentation, sa santé mentale. Une approche globale invite à prendre soin de soi, des infrastructures et du milieu dans lequel on pratique. C'est à peu près l'inverse de ce que prône l'influenceur Tibo InShape – même si son programme vend du rêve : « je sors pas dans les bars, je vais pas au cinéma, je vais pas en boîte, je fais pas des *happy hours*. C'est simple, de l'organisation et des sacrifices. »

UNE APPROCHE DÉVIANTE, GLOBALE ET SITUÉE. QUI FAIT LA PART BELLE AU PLAISIR ET AU JEU, MÊME SI L'EFFORT PHYSIQUE IMPLIQUE AUSSI DES MOMENTS DIFFICILES.

Vous connaissez peut-être le point commun entre le BMX, les sports urbains, le foot à 7 et le ski de bosses ? Ce sont au départ des sports alternatifs et transgressifs, issus d'une contre-culture, qui ont finalement été récupérés par l'institution, standardisés et intégrés au modèle dominant. Un sport émancipateur, c'est la possibilité d'inventer des sports déviants que l'on peut s'approprier collectivement.

Une approche déviante, globale et située. Qui fait la part belle au plaisir et au jeu, même si l'effort physique implique aussi des moments difficiles. Cette approche du sport doit pouvoir articuler l'effort et pourquoi pas le dépassement de soi, avec la coopération, la solidarité et l'entraide, le plaisir et le jeu. Elle peut certainement composer avec la compétition : se mesurer aux autres et chercher à gagner n'implique pas nécessairement de banaliser la souffrance ou la domination.

En attendant de construire les structures sociales qui permettront de déployer une telle vision du sport et de libérer du temps pour celles et ceux qui n'en ont pas, on peut déjà s'organiser, en se renseignant par exemple auprès du premier coach sportif de gauche de l'histoire, Alexandre Jaafari, ou en suivant les excellents conseils de Camille Teste, professeure de yoga et autrice de *Politiser le bien-être*. Elle raconte sur Instagram ce que peut être la découverte de la course à pied, quand tout nous a toujours contraint·es à la détester. Elle donne d'excellents trucs et astuces pour (bien) courir. Sans oublier que, contrairement à ce que peut penser Tibo InShape, il ne suffira jamais de se bouger. La grossophobie, les traumatismes liés aux cours d'EPS et le sexisme, entre autres contraintes matérielles, rendent souvent la tâche très difficile[24].

Pierre de Coubertin n'avait pas manqué de reprendre la fameuse maxime « un esprit sain dans un corps sain », ce qui donnait : « un esprit ardent dans un corps musclé ». Dans un livre paru en 2023, la comédienne Anne-Sophie Girard envisageait la possibilité d'« un esprit bof dans un corps pas ouf ».
Jamais deux sans trois : on pourrait cultiver un esprit critique, dans un corps paisible ?

RENOUER AVEC LA PUISSANCE ET TRANSPIRER LE CAPITALISME À GROSSES GOUTTES

Retour en mai 2018. En séance, à l'Assemblée nationale, le député Gabriel Attal s'adresse à Frédérique Vidal, ministre de l'Enseignement supérieur, de la Recherche et de l'Innovation.

« Pouvez-vous assurer aux Français que, malgré les tentatives de certains, jamais dans notre pays réussir ne sera un gros mot ? Je vous remercie[25]. »

Par ces mots, Gabriel Attal illustre la façon dont les mouvements conservateurs s'accaparent la logique victorieuse. Sur le plan politique et culturel, le sport est le terrain de lutte par excellence, puisqu'il aide la droite à s'approprier toutes les valeurs constitutives d'un imaginaire de gagnant.

En fait, on peut rejeter l'insupportable culte de la performance et la tyrannie néolibérale du dépassement de soi, sans forcément bannir les concepts de performance et de persévérance, ni rejeter l'idée de réussite, la gagne et l'excellence. On peut dénoncer le mythe du *self made man* et le mensonge de la méritocratie tout en réhabilitant la recherche de puissance et l'intérêt pour la performance. On peut chercher à se dépasser sans vouer un culte à la meilleure version de soi-même. On peut même aimer gagner sans forcément écraser les autres. La gauche, en tant que force politique, a toutes les raisons de viser l'excellence et ne doit pas pour cela rougir.

Nous devons être performant·es pour arriver au pouvoir. La performance et l'excellence sont pour nous un *modus operandi*.

Le sport et ses valeurs, c'est comme le travail ou la sécurité : le pire serait de s'en désintéresser, et de laisser les réactionnaires se les accaparer.

Tout en s'éloignant des obsessions morbides, grossophobes, validistes ou virilistes, il est temps de prendre soin de nous et de nos corps, à la recherche d'un équilibre qui nous rende plus heureu·ses et plus puissant·es.

Sous influence féministe, on voit émerger une gauche qui commence à prendre soin d'elle. Muscles ou pas muscles, ça la rend plus forte, et aussi sexy... Alors, c'est qui les peine-à-jouir ? ■

1 Il s'agit de la devise historique des Jeux Olympiques.

2 Voir l'exposition *Champion ! Une histoire populaire du sport*. Archives de Marseille. 2024.

3 « Anne Hidalgo et les Jeux Olympiques », Luc Bronner, *Le Monde*, 6 août 2024.

4 « Le sport peut-il changer notre vie ? », Camille Teste, Binge Audio.

5 « Running While Female », Runner's world, 2017.

6 Voir l'article « Dans "l'enfer" des cours d'EPS », Nicolas Framont, *Frustration Magazine*, 9 avril 2024.

7 *Sportwashing*, David Blough, Rue de l'échiquier, 2020.

8 *Ibid.*

9 « Le stade de foot, laboratoire de la surveillance des foules », Romain Haillard, *Politis*, 25 avril 2024.

10 *Ce que le football est devenu – Trois décennies de révolution libérale*, Jérôme Latta, Divergences, 2023.

11 *Sportwashing*, *op. cit.*

12 « Paris 2024 : LVMH a trouvé sa poule aux Jeux d'or », Noa Jacquet et Eléna Roney, *Libération*, 9 août 2024.

13 « Le revers de la médaille : ce que coûtent les médailles aux athlètes », Adila Bennedjaï-Zou, Somaya Dabbech, France Culture.

14 « Le sport sans sponsors est-il possible ? Avec Arthur Le Vaillant et Edina », Clothilde Sauvages, Sylvain Paley, *Vent Debout*.

15 « Basic-Fit, le business sous les tapis », Clément Pouré, *Mediapart*, juillet 2024.

16 *Champion ! Une histoire populaire du sport*. Archives de Marseille. 2024.

17 90 ans FSGT | La naissance du sport ouvrier, *Sport et plein air*, 2023.

18 « Le vélo, accélérateur insoupçonné des luttes sociales », Sarah Bosquet et Elsa Sabado, *Mediapart*, 4 août 2024.

19 Manon Aubry, dans un tweet du 10 août 2024.

20 Voir aussi *Rendre les coups* de Selim Derkaoui, Le Passager clandestin, 2023 et *Se défendre*, d'Elsa Dorlin, Zones, 2017..

21 Michaël Attali, « Plus vite, plus haut, plus fort avec Yann Borgnet et Michaël Attali », *Vent Debout*.

22 Voir *Politiser le bien-être*, Camille Teste, Binge, 2023.

23 « Dans "l'enfer" des cours d'EPS », Nicolas Framont, *Frustration Magazine*, 2024.

24 « Les jeunes éloignés du sport n'y sont pas hostiles mais sont freinés par trop de contraintes », Jorg Muller, *Consommation & Modes de Vie* N°CMV323, mai 2022.

25 Question au Gouvernement n° 864 : situation dans les universités, parue dans le journal officiel du 16 mai 2018.

Existe-t-il un cinéma anti *Male-Gaze* ?

Par Léa Hamadi

Mai Zetterling et Birger Malmsten (photo : Bengt Westfelt)

Les cinéastes capturent et reflètent les dynamiques sociales, notamment en ce qui concerne les relations de pouvoir entre les genres, qu'il s'agisse d'une démarche consciente, ou non. Cette réflexion faite, des analyses émergent, l'une d'entre porte sur le concept de « *male gaze* », théorisé par Laura Mulvey dans les années 1970. Selon elle, le cinéma tend à représenter le monde à travers un prisme masculin, réduisant ainsi les femmes à des objets de désir, dépouillés de leur subjectivité et de leur complexité.

Mais alors les réalisateurs masculins sont-ils capables de se libérer de cette emprise inconsciente ? Certains films peuvent-ils retourner cette perspective et transformer ce regard objectifiant en un outil critique, voire subversif ? Pour creuser cette interrogation, prenons l'exemple de deux œuvres incontournables : *Gone Girl* de David Fincher et *Eyes Wide Shut* de Stanley Kubrick. À première vue, ces films semblent offrir une analyse des rapports de genre, tout en exposant la manière dont les femmes sont vues et traitées dans des sociétés patriarcales. Pourtant, quand on les examine de plus près : jouent-ils vraiment contre le *male gaze* ou le réarticulent-ils d'une manière plus subtile ?

**Depuis ces deux films, #MeToo et l'affaire Weinstein sont passés par là. Mais les choses ont-elles réellement changé pour autant ? *Quid* des réalisatrices ? Un film comme *Barbie* de Greta Gerwig peut-il servir de contrepied au *male gaze* ?
Est-il seulement possible d'avoir un vrai regard subversif dans le cadre actuel de la production ? C'est ce que nous allons essayer de voir !**

Attention : Cet article relate différents types de violences, dont des violences sexistes et sexuelles.

Avec *Gone Girl*, Fincher ne se contente pas de suivre le thriller classique ; il plonge dans la construction sociale des rôles féminins, jouant avec les attentes du spectateur pour démontrer à quel point la perception de la femme « idéale » est un leurre. Amy, loin d'être une simple victime ou un objet, manipule activement la narration pour se réapproprier son image, renversant ainsi les dynamiques de pouvoir dans son couple. Fincher transforme la subjectivité d'Amy en une arme de contrôle. De son côté, *Eyes Wide Shut* explore les désirs enfouis et la superficialité des apparences, notamment à travers la quête nocturne de Bill Harford. Kubrick, qui n'a eu de cesse de dépeindre l'asservissement de l'Homme par l'Homme au long de sa filmographie, dissèque ici la manière dont les hommes se projettent sur les femmes, tout en révélant leur propre aliénation dans un monde où le désir et le pouvoir se confondent. Mais au-delà des apparences, c'est Alice, l'épouse, qui, par la simple révélation de ses fantasmes, brise la façade patriarcale qui enferme son mari.

Ces deux films, chacun à leur manière, semblent questionner le *male gaze*, retourner ses codes pour mettre en lumière les contradictions du regard masculin. Mais le font-ils vraiment ? Ou réinscrivent-ils ces femmes dans un cadre où, malgré tout, elles demeurent prisonnières des projections masculines ?

Stanley Kubrick (photo © Warner Bros. Inc)

David Fincher (photo : Raph_PH)

Gone Girl

La subversion du *male gaze* par Amy Dunne

Dans *Gone Girl*, Nick Dunne découvre un matin que sa femme Amy a mystérieusement disparu. Alors que l'enquête progresse, les médias et la police commencent à le suspecter du meurtre d'Amy, exposant peu à peu la complexité toxique de leur relation. À travers une série de rebondissements, le film révèle les manipulations psychologiques et les vérités cachées qui se jouent derrière les apparences.

Dans ce film de 2014, David Fincher met en scène une histoire complexe autour de la disparition d'Amy Dunne, qui incarne un personnage féminin conscient des attentes patriarcales et qui les manipule pour reprendre le contrôle de sa narration. Amy critique ouvertement les stéréotypes genrés dans son monologue de la « *Cool Girl* », dénonçant l'image de la femme idéale, séduisante et docile, construite pour satisfaire les désirs masculins.

En jouant sur ces stéréotypes, Amy renverse les dynamiques de pouvoir et montre comment la société impose des rôles spécifiques aux femmes. Son personnage, loin de la simple victime, devient un agent de manipulation. Son omniprésence dans le récit, à travers son journal intime et sa capacité à manipuler l'opinion publique, lui donne une position de contrôle non seulement sur son mari, Nick, mais aussi sur la perception du spectateur. Ce dernier, déstabilisé, navigue entre sympathie et rejet pour un personnage féminin qui défie les attentes.

Gone Girl montre comment une femme peut subvertir le *male gaze* en manipulant les stéréotypes à son avantage.

En effet, comme me l'apprenait au cours d'une analyse vidéo mes collègues de la chaîne youtube ***Monsieur Bobine,*** Amy n'est pas sans rappeler les *Stepford Wives*. Le concept des *Stepford Wives* trouve son origine dans le roman éponyme de Ira Levin, publié en 1972, qui explore un thème profondément ancré dans la culture de la fin du XXe siècle : la soumission des femmes dans une société patriarcale. L'histoire se déroule dans une banlieue idyllique, Stepford, où les épouses semblent étrangement parfaites : elles sont belles, obéissantes, toujours souriantes et entièrement dévouées à leur foyer et à leur mari. L'intrigue prend un tournant sombre lorsque la protagoniste, Joanna, découvre que ces femmes ont été littéralement « programmées » par leurs maris. Transformées en robots domestiques dépourvus de toute autonomie, elles ne vivent que pour répondre aux désirs masculins, incarnant une version cauchemardesque de l'idéal féminin.
Amy, elle, renverse cette image pour en faire un outil de pouvoir. Si elle semble incarner la femme idéale, elle utilise cette image pour manipuler et contrôler son entourage, particulièrement Nick, qui finit par se plier à son jeu dans une dynamique de soumission. Fincher, en créant ce personnage omniscient, critique les médias et leur rôle dans la construction d'une réalité biaisée, notamment à travers les interviews médiatisées de Nick. En cela, *Gone Girl* montre comment une femme peut subvertir le *male gaze*, non pas en échappant aux stéréotypes, mais en les manipulant à son avantage. Amy devient ainsi une figure de résistance dans une société dominée par les attentes masculines.

Eyes Wide Shut

Désir, domination et aliénation féminine

Dans *Eyes wide shut*, le docteur Bill Harford plonge dans une quête de découverte après que sa femme Alice lui révèle avoir fantasmé sur un autre homme. Ce chemin l'entraîne dans un monde secret de désir et de fantasmes, où il assiste à des rituels inquiétants et mystérieux. Au fur et à mesure qu'il s'enfonce dans cet univers, il questionne les limites de la fidélité, du désir et de la réalité.

Eyes Wide Shut (1999) de Stanley Kubrick, à travers le personnage de Bill Harford, explore les désirs cachés et les illusions des relations matrimoniales. Le film met en scène des femmes réduites à des objets de désir, mais Kubrick utilise cette objectification pour révéler les mécanismes de domination masculine. Alice Harford, la femme de Bill, exprime ses frustrations sexuelles et émotionnelles, exposant ainsi la réalité derrière leur mariage apparemment idéal. À travers cette révélation, Kubrick montre comment les désirs refoulés créent des tensions dans les rapports de genre. Alice incarne une forme de résistance, mais elle reste piégée par les structures patriarcales qui définissent son rôle.

Le film aborde également la dépersonnalisation des femmes par l'usage de masques et de rituels lors de scènes d'orgie, où les femmes deviennent des accessoires anonymes. Ces séquences illustrent comment le pouvoir masculin efface l'identité des femmes, ne leur accordant de valeur qu'à travers leur corps et leur sexualité. Kubrick critique ainsi les structures de domination en exposant la manière dont les femmes sont instrumentalisées dans des dynamiques de pouvoir plus larges. Le fantasme d'Alice pour un officier de la marine, symbolisant une autorité masculine supérieure, résonne avec cette idée. Il incarne un pouvoir de fascination psychologique, montrant que le patriarcat fonctionne à travers des formes subtiles de manipulation et de contrôle. L'usage des rituels dans le film renforce cette thèse : les personnages féminins sont réduits à des rôles de soumission, enfermés dans des relations qui ne reconnaissent leur existence qu'à travers leur fonction dans un système de domination.

Dans *Gone Girl*, Fincher réussit à subvertir le *male gaze* en faisant d'Amy Dunne un personnage qui manipule les stéréotypes féminins pour reprendre le contrôle. Elle utilise l'image de la femme idéale pour renverser les attentes patriarcales, ce qui rend la critique du regard masculin incisive. Cependant, cette démarche flirte parfois avec la caricature : Amy devient une figure manipulatrice extrême, renforçant le cliché de la femme « calculatrice », ce qui peut nuancer l'efficacité de la critique féministe. En revanche, dans *Eyes Wide Shut*, Kubrick met en lumière la domination masculine en réduisant les femmes à des objets de désir, notamment dans les rituels d'orgie. Bien que le film expose cette objectification de manière percutante, il ne parvient pas à offrir une véritable subversion du *male gaze*. Les personnages féminins, notamment Alice, restent enfermés dans des rôles passifs, et Kubrick se contente de montrer la problématique sans permettre à ses personnages de s'en affranchir, laissant la critique inachevée.

Male gaze

ou les enjeux des représentations sous le capitalisme tardif

Le capitalisme tardif désigne la phase contemporaine du capitalisme, caractérisée par une concentration extrême des richesses, la financiarisation de l'économie, et la domination des multinationales. Cette période est marquée par la marchandisation croissante de tous les aspects de la vie, y compris les représentations culturelles, avec un accent sur la consommation et le divertissement. Sous le capitalisme tardif, les images et les récits sont souvent façonnés pour perpétuer des dynamiques de pouvoir, telles que le *male gaze*, tout en intégrant des idéaux de genre et de désir dans des cadres économiques. L'industrie cinématographique, en tant qu'appareil idéologique au sens althussérien du terme, participe activement à la reproduction des rapports sociaux de domination. Le terme althussérien fait référence à la théorie du philosophe marxiste Louis Althusser, qui définit les idéologies comme des systèmes de croyances qui, tout en semblant naturelles ou évidentes, servent à maintenir l'ordre social en faveur des structures de pouvoir. Pour Althusser, les individus sont « interpellés » par les idéologies, c'est-à-dire qu'ils les intègrent inconsciemment en tant que vérités, renforçant ainsi leur soumission aux institutions dominantes (comme l'État, la famille, l'éducation).

Marilyn Monroe (photo : Dave Cicero)

Le *male gaze*, concept central dans la critique féministe des images, n'est pas simplement l'expression d'un regard masculin oppressant : il est la manifestation visuelle d'un système de pouvoir profondément enraciné dans le patriarcat et l'ordre capitaliste. Il ne s'agit pas seulement de réduire les femmes à des objets de désir, mais de naturaliser une économie de la sexualité où le regard masculin devient une marchandise en soi, un produit culturel standardisé dans lequel le public consomme des normes patriarcales sans véritablement en prendre conscience. Au-delà des figures féminines aliénées dans les films de Fincher et Kubrick, cette objectification des corps féminins participe d'un processus de fétichisation au sens marxien : les femmes sont représentées non pas pour ce qu'elles sont en tant que sujets autonomes, mais pour ce qu'elles symbolisent au sein d'un système où les relations sociales se dissolvent en rapports de domination et d'exploitation. Le cinéma hollywoodien, sous le capitalisme tardif, cristallise cette relation d'aliénation entre l'image et le spectateur, où les femmes deviennent des « marchandises » dans le cadre d'un marché global des désirs et des fantasmes, à la fois culturel et économique.

Pour Althusser, les individus sont « interpellés » par les idéologies, c'est-à-dire qu'ils les intègrent inconsciemment en tant que vérités, renforçant ainsi leur soumission aux institutions dominantes.

Le féminisme libéral et la récupération capitaliste : le cas de Barbie

Un exemple récent de cette absorption du féminisme par le capitalisme est le film *Barbie* de Greta Gerwig. Présenté comme un film « féministe », il est en réalité un produit du capitalisme culturel, qui masque les véritables rapports de domination derrière une façade progressiste. Le succès de *Barbie* repose en partie sur une image d'émancipation féminine, mais cette émancipation est celle d'un féminisme de consommation, où les femmes sont encouragées à « s'émanciper » en devenant des consommatrices autonomes, ou des « *girlboss* », c'est-à-dire des dirigeantes au sein d'un système capitaliste qui reste intact. Ce type de féminisme est en réalité une extension du néolibéralisme, comme le montre Angela McRobbie dans ***The Aftermath of Feminism*** (2009), où elle décrit comment le féminisme a été intégré aux discours dominants du capitalisme global, souvent à des fins mercantiles. L'illusion du pouvoir féminin, symbolisée par des personnages comme Barbie, repose sur l'idée que le simple fait d'accéder à des positions de pouvoir au sein du système capitaliste est une victoire féministe. Mais ce pouvoir n'est qu'un simulacre, car il ne remet pas en question les dynamiques sous-jacentes de l'exploitation. Joan Acker, dans ses travaux sur le genre et le capitalisme (***The Gendered Relations of Production***, 1992), montre que les structures mêmes du capitalisme sont fondamentalement genrées. Ainsi, les femmes qui parviennent au sommet de ces structures ne font que reproduire les mécanismes d'exploitation, sans remettre en cause le patriarcat systémique qui sous-tend l'organisation du travail et des relations économiques.

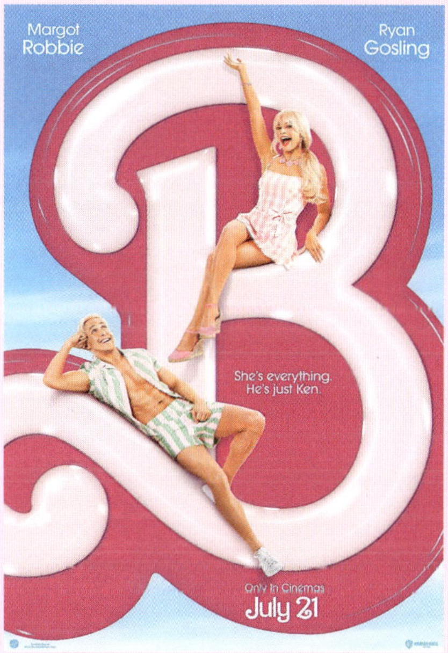

Cette absorption des arts par le capitalisme a été largement théorisée par Theodor Adorno et Max Horkheimer dans leur concept de « l'industrie culturelle » (***Dialectique de la Raison***, 1944). Ils montrent comment la culture, sous le capitalisme, devient un produit standardisé qui sert à maintenir les masses dans un état de passivité, en leur fournissant des représentations qui les empêchent de prendre conscience de leur aliénation. Le cinéma hollywoodien, en particulier, fonctionne comme un appareil de reproduction idéologique, où les images et les récits servent à maintenir l'ordre social établi, en canalisant les désirs et les aspirations vers des formes compatibles avec les intérêts capitalistes.

Le *male gaze*, en tant que structure de regard, participe pleinement de cette logique. Il n'est pas simplement un reflet des rapports de genre, mais une manifestation de la manière dont le capitalisme instrumentalise les corps et les désirs pour en

Les femmes qui parviennent au sommet de ces structures ne font que reproduire les mécanismes d'exploitation, sans remettre en cause le patriarcat systémique qui sous-tend l'organisation.

faire des objets de consommation. Comme l'explique Laura Mulvey dans son essai fondateur ***Visual Pleasure and Narrative Cinema*** (1975), le cinéma hollywoodien structure le plaisir visuel autour du regard masculin, dans une logique qui objectifie les femmes pour satisfaire le public, tout en dissimulant cette objectification derrière les formes de la narration cinématographique.

Mais cette critique ne suffit pas. Si le regard masculin domine, c'est parce que les structures de production qui soutiennent le cinéma sont elles-mêmes patriarcales et capitalistes. Pour produire un cinéma véritablement féministe, il faut repenser les moyens de production eux-mêmes. Le cinéma, en tant que pratique artistique, doit s'émanciper des logiques du marché et du profit, afin de produire des images qui ne soient plus soumises aux impératifs du capital. En ce sens, la réinvention du cinéma féministe passe par une réappropriation collective des moyens de production, dans une perspective qui rejoint les critiques marxistes du capitalisme. C'est en refusant les logiques de marchandisation et de fétichisation des corps que l'on peut espérer produire des images réellement subversives.

Laura Mulvey (photo : Mariusz Kubik)

Si l'on prend l'exemple d'Amy Dunne dans *Gone Girl*, il est clair que sa manipulation des attentes sociales genrées n'est pas une simple revanche personnelle : elle est le symptôme d'un dysfonctionnement plus large où les rapports conjugaux, eux-mêmes, sont une reproduction à échelle réduite des rapports sociaux de domination. La figure d'Amy, loin de se contenter de subvertir l'imaginaire de la femme parfaite, démontre que sous le capitalisme patriarcal, même l'idéologie la plus aliénante peut être retournée, mais toujours à l'intérieur des mêmes structures oppressives.

Pour produire un cinéma véritablement féministe, il faut repenser les moyens de production eux-mêmes.

La « *Cool Girl* », cette femme à la fois désirable et docile, représente l'exemple même du produit de consommation façonné par le regard masculin et médiatique. Mais Amy n'est jamais véritablement libérée de cette image : elle en reste prisonnière, l'instrumentalisant à ses propres fins. Ainsi, même dans sa subversion, elle demeure piégée dans une structure capitaliste qui conditionne les relations de genre. En ce sens, la maîtrise d'Amy sur son image est moins une émancipation qu'une reconfiguration des termes de l'aliénation.
Kubrick, dans *Eyes Wide Shut*, adopte une stratégie similaire, mais plus radicale dans son approche de l'aliénation. Alice Harford, en révélant son désir pour un autre homme, ne fait pas que défier son mari, Bill : elle dévoile le caractère profondément marchandisé du désir féminin, au sein d'une structure matrimoniale qui n'est, en fin de compte, qu'un contrat de propriété entre deux individus. Ce désir extraconjugal devient ainsi une menace existentielle non seulement pour Bill, mais pour l'ordre bourgeois tout entier, qui repose sur la stabilité des unions hétérosexuelles et des normes patriarcales. Le film met à nu cette tension entre désir et capital, où la sexualité féminine, une fois libérée de ses chaînes symboliques, devient le lieu d'une lutte plus vaste pour la réappropriation des corps.

Le cinéma post-Weinstein

un changement de paradigme ?

La chute d'Harvey Weinstein et la vague #MeToo qui s'est ensuivie ont ouvert une brèche dans l'édifice hollywoodien. Ce n'est pas seulement la dénonciation d'un individu prédateur, mais bien la mise en lumière d'un système profondément corrompu où les relations de pouvoir dans la production cinématographique sont une extension directe des dynamiques de domination présentes à l'écran. Le scandale Weinstein a mis à nu la collusion entre le capitalisme culturel et le patriarcat, en dévoilant comment les femmes, actrices ou techniciennes, étaient non seulement objectifiées à l'écran, mais aussi dans les coulisses, dans un cadre de production qui valorise le pouvoir masculin et le contrôle des corps féminins. Si, dans un premier temps, cette prise de conscience a permis d'amorcer des changements dans les structures de production (avec des réalisatrices comme Greta Gerwig, Chloé Zhao ou Ava DuVernay accédant enfin à des projets de grande envergure), le véritable enjeu reste de savoir si ce changement peut effectivement subvertir l'architecture idéologique d'Hollywood, ou s'il ne s'agit que d'une reformulation superficielle du capitalisme culturel.
En d'autres termes, le simple fait de donner une voix aux femmes dans la réalisation suffit-il à éradiquer les formes les plus insidieuses du *male gaze* ? Ou bien le système est-il capable d'absorber et de recycler cette critique pour perpétuer, sous des formes nouvelles, les anciennes dynamiques de domination ?

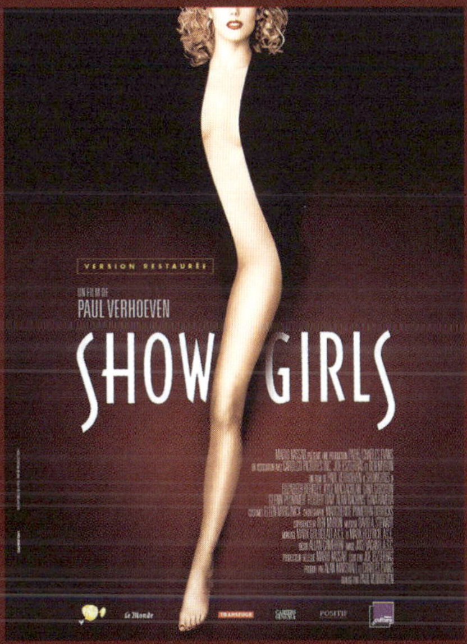

Sous le capitalisme, les représentations des femmes au cinéma fonctionnent comme une extension du fétichisme de la marchandise décrit par Marx. Les corps féminins sont réifiés, transformés en surfaces lisses à consommer, dans une logique où le désir masculin devient un marché en soi. Cette marchandisation du corps féminin trouve un écho direct dans les films de Kubrick et Fincher, mais aussi dans de nombreuses autres productions, où la complexité des femmes est systématiquement réduite à un ensemble de signifiants visuels interchangeables.
Cette objectification n'est pas une simple question de genre ; elle s'inscrit dans une dynamique plus large d'exploitation économique, où le capitalisme impose ses normes esthétiques et culturelles pour mieux contrôler les représentations. Dans un sens, le *male gaze* est l'équivalent esthétique du rapport marchand : il transforme les relations humaines en objets de consommation, réduisant les femmes à des surfaces visuelles à désirer et à posséder. Le cinéma hollywoodien, en tant qu'industrie culturelle, participe activement à cette production du désir marchandisé, reproduisant sans cesse des archétypes genrés qui renforcent l'hégémonie masculine et la domination capitaliste. C'était, à mon sens, tout le propos de l'incompris ***Showgirls*** de Paul Verhoeven sorti en 1996.

Aucun cinéma véritablement féministe n'est possible sans une transformation radicale des

rapports de production. Le capitalisme, en tant que système fondé sur l'exploitation et la marchandisation de tout ce qui peut être commodifié, y compris les images, les corps et les désirs, ne peut permettre l'émergence d'un art vraiment subversif, que ce soit sur le plan du genre ou des classes. Cette thèse est centrale dans les écrits de Guy Debord et du situationnisme, en particulier dans ***La Société du spectacle*** (1967), où Debord explique que sous le capitalisme, les arts et la culture deviennent des marchandises soumises à la loi de la valeur. Le cinéma, en tant que « spectacle », n'est plus qu'un reflet du monde marchandisé, un espace où la critique elle-même est souvent transformée en un produit culturel vendable.
Dans ce cadre, le *male gaze* s'inscrit dans une logique plus vaste de domination qui dépasse le simple cadre des représentations de genre. Il est le produit d'un système économique qui cherche à exploiter les désirs pour maximiser le profit. La critique du *male gaze*, pour être pleinement efficace, doit ainsi s'inscrire dans une critique plus large du capitalisme lui-même. Sans cela, on tombe dans le piège du féminisme blanc et libéral, qui repose sur l'illusion qu'une transformation des représentations suffit à changer les rapports de domination. Ce type de féminisme est en réalité souvent récupéré par le capitalisme, comme l'a montré Nancy Fraser dans ses travaux sur le « féminisme progressiste ». Elle explique, dans son essai ***Le Féminisme dans le capitalisme : une histoire inachevée*** (2013), que le féminisme a été coopté par les logiques néolibérales, devenant ainsi une idéologie qui sert le capitalisme mondialisé, en se concentrant sur des questions de représentation et d'accès aux postes de pouvoir, sans remettre en cause les structures profondes de l'exploitation économique.

Ce focus sur les représentations, aussi nécessaire soit-il, détourne souvent l'attention des structures économiques et sociales plus profondes, dont la famille est l'une des institutions les plus centrales. La famille, sous sa forme traditionnelle, reste un lieu de reproduction des inégalités de genre, où les rôles de la femme comme mère et épouse sont souvent naturalisés et rarement remis en question. Cette dynamique de pouvoir domestique est pourtant un maillon essentiel de la domination patriarcale et économique, à déconstruire pour véritablement envisager une émancipation féminine.
Park Chan-wook, dans ***Stoker*** (2013), aborde cette thématique de manière subversive en représentant la famille comme un lieu d'oppression psychologique et de contrôle. À travers le personnage d'India Stoker, le film démontre comment la famille devient un espace de violence, de secrets et de manipulation, où les femmes sont à la fois contraintes par des attentes rigides et poussées à une forme de révolte. Ce regard, en apparence détaché des considérations explicitement féministes, révèle pourtant une critique profonde des dynamiques de domination qui se jouent au sein même de l'institution familiale. Tant que la famille n'est pas elle-même déstabilisée dans son rôle traditionnel, toute tentative de libération par la simple transformation des représentations restera incomplète, sinon illusoire. Ainsi, comme l'a montré Nancy Fraser dans ses travaux, il ne suffit pas de promouvoir une vision plus égalitaire de la femme dans les médias et les postes de pouvoir. Il est également impératif de questionner la famille comme espace d'aliénation et de domination, sous peine de voir le féminisme récupéré par un capitalisme néolibéral qui neutralise toute critique véritablement radicale.

Et en France ?

En France, la dernière décennie a vu l'émergence de nombreuses réalisatrices qui s'illustrent particulièrement dans le cinéma de genre, un domaine longtemps dominé par les hommes. Parmi elles, Julia Ducournau s'est imposée avec ***Grave*** (2016) et ***Titane*** (2021), ce dernier ayant remporté la Palme d'Or au Festival de Cannes. Ducournau explore des thématiques complexes liées à l'identité, la corporalité et la violence, tout en renversant les codes du regard masculin en donnant à ses personnages féminins une profonde ambiguïté, une animalité presque sauvage. De son côté, Justine Triet, avec ***Sibyl*** (2019) et surtout ***Anatomie d'une chute*** (2023), questionne les dynamiques de pouvoir, les constructions narratives et la manière dont les femmes sont jugées à travers leur rôle social et familial.

Ces réalisatrices, ainsi que d'autres comme Alice Winocour avec ***Proxima*** (2019) ou ***Revoir Paris*** (2022), et Houda Benyamina, lauréate de la Caméra d'or pour ***Divines*** (2016), apportent un souffle nouveau au cinéma français, en y intégrant une vision féminine singulière et en interrogeant de front des problématiques liées au corps, à la violence et aux représentations féminines. En jouant avec les genres – l'horreur, le thriller psychologique, le drame social –, elles déconstruisent certaines représentations traditionnelles des femmes tout en explorant leurs luttes intérieures, leurs désirs et leur place dans un monde souvent hostile.
Cependant, ce renouveau n'est pas exempt d'écueils. Un exemple frappant est celui de ***Revenge*** (2017) de Coralie Fargeat, un film qui s'inscrit dans le sous-genre du « *rape & revenge* », où une victime de viol cherche à se venger de ses agresseurs. Si Fargeat tente de renverser les codes en transformant son héroïne, Jen, en une figure de vengeance presque mythologique, le film n'échappe pas à certaines critiques féministes. Le « *rape*

La dernière décennie a vu l'émergence de nombreuses réalisatrices qui s'illustrent particulièrement dans le cinéma de genre.

& revenge » réduit souvent le viol à une expérience individuelle, déconnectée de sa dimension systémique. Le film présente le viol comme un événement déclencheur de vengeance personnelle, laissant de côté la réflexion sur les dynamiques sociales et culturelles qui sous-tendent cette violence. Le traitement du viol comme un simple moteur narratif dans le cinéma de genre pose la question des limites d'une démarche féministe dans un cadre où la violence sexuelle reste un outil de spectacle. Si Jen reprend le contrôle de son corps et de son destin, le film court le risque de banaliser la question du viol en le dépolitisant, en se focalisant sur la revanche individuelle plutôt que sur les implications sociétales plus larges. Ce genre d'œuvres peut, de fait, réintroduire une version biaisée de l'émancipation féminine, où la violence individuelle devient une réponse simplifiée à des problématiques systémiques complexes. Ainsi, même si des réalisatrices comme Fargeat, Ducournau et d'autres explorent et réinventent les représentations des femmes à l'écran, elles se heurtent parfois aux limitations imposées par les conventions de genre. La question demeure : dans quelle mesure le cinéma de genre peut-il vraiment déconstruire les représentations féminines, tout en jouant avec les codes qui ont historiquement servi à renforcer le regard masculin ?

Le cinéma peut devenir un espace de résistance, mais seulement s'il rompt avec les logiques du capitalisme et du patriarcat. Il doit alors créer de nouvelles formes de subjectivité, où les femmes ne sont plus réduites à des objets de désir, mais deviennent des sujets actifs, capables de se réapproprier leur propre image. Comme l'a montré bell hooks dans ***The Oppositional Gaze: Black Female Spectators*** (1992), il est possible de développer un regard opposé, qui refuse les représentations dominantes et produit des images qui expriment des expériences marginalisées et subversives. Mais pour cela, il est crucial d'éviter le piège du féminisme blanc et libéral, qui ne fait que renforcer les logiques de domination en se concentrant sur des figures de pouvoir individuelles, tout en ignorant les luttes collectives et intersectionnelles.
La critique du *male gaze* et de ses logiques capitalistes ne peut donc être séparée d'une critique du patriarcat et du racisme structurel. Comme l'explique Angela Davis dans ***Women, Race, and Class*** (1981), la libération des femmes ne peut être atteinte que par une lutte collective qui inclut les femmes de toutes races et classes, et qui remet en question les structures mêmes de l'exploitation. Il ne suffit pas de représenter des femmes au pouvoir : il faut transformer les conditions matérielles qui permettent cette exploitation, en s'attaquant aux structures économiques qui reproduisent l'oppression.

Un cinéma féministe authentique doit donc aller bien au-delà des simples changements de représentation. Il doit s'attaquer aux racines mêmes du capitalisme et du patriarcat, en réinventant les structures de production et en créant des espaces où les femmes peuvent se réapproprier leur propre image. C'est seulement en remettant en question les fondements économiques et sociaux de l'industrie culturelle que l'on pourra produire des images qui ne soient plus des outils de domination, mais des moyens de résistance. ■

ON A VU

70'S

PUNISHMENT PARK : LE FAUX DOCUMENTAIRE RÉALISTE ET PUISSANT DE PETER WATKINS (1971)

Punishment Park, réalisé par Peter Watkins en 1971 et sorti en France seulement en 2007, est un faux-documentaire[1] qui plonge le spectateur dans une Amérique dystopique qui semble pourtant étrangement familière.

Dans *Punishment Park*, la guerre du Vietnam s'enlise et, face à la contestation accrue du mouvement pacifiste, le président Richard Nixon décrète l'état d'urgence. Militants afro-américains et militants de gauche, féministes et objecteurs de conscience sont arrêtés et conduits devant un tribunal exceptionnel. Après une procédure sommaire, ils sont condamnés à de lourdes peines pour atteinte à la sûreté de l'État. Cependant, ils peuvent échanger leur peine contre un séjour à Punishment Park, un parc d'entraînement pour policiers anti-émeutes et militaires américains. Là, ils devront traverser le désert en trois jours, sans eau ni nourriture, sur 85 km pour atteindre un drapeau américain, poursuivis par un escadron de policiers armés jusqu'aux dents.

La situation imaginée par Watkins se base sur une loi existante : la Loi McCarran de 1950, qui autorise les autorités fédérales, sans référence au Congrès, à détenir des personnes considérées comme un « risque pour la sécurité intérieure ». Le film fait également référence à la brutalité policière, au procès des Sept de Chicago et aux « Kent State shootings », où la violence étatique a été utilisée contre des manifestants pacifistes.
Le film laisse une parole radicale s'exprimer. Un militant afro-américain affirme : « Vous parlez comme si nous étions un pays civilisé et non-violent. C'est faux. L'Amérique est aussi psychotique qu'elle est puissante, et seule la violence forcera votre attention. » Ces mots résonnent fortement aujourd'hui. Vers la fin du film, l'avocat des jeunes inculpés se permet une citation : « Dans nos universités, les étudiants s'ameutent. Les communistes veulent détruire notre pays. La Russie nous menace. La république est en danger, de l'intérieur et de l'extérieur. Il nous faut la loi et l'ordre pour survivre. » On pense immédiatement à une citation de Richard Nixon (ou même à du Darmanin…) puis l'avocat révèle que cette phrase est en réalité une citation d'Adolf Hitler en 1932, montrant vers quoi nous amène la fuite en avant autoritaire.
Punishment Park apparaît comme l'antithèse de *Civil War* (2024) d'Alex Garland, un film aussi percutant que politiquement creux. Alors que *Civil War* a coûté 50 millions de dollars, *Punishment Park* n'en a coûté que 95 000, il n'en reste pas moins dix fois plus impactant. Nous avons cruellement besoin de films comme celui de Watkins aujourd'hui, des œuvres qui osent défier les structures de pouvoir et nous confrontent à des vérités inconfortables.

Ce réalisateur britannique, connu pour ses films pacifistes et radicaux, qualifié par les *Cahiers du Cinéma* « d'auteur combattant[2] », fait aussi une critique des médias de masse et de ce qu'il a appelé la « monoforme ». Il la décrivait ainsi dans son ouvrage *Media Crisis* (2004) : « La monoforme est le dispositif narratif interne (montage, structure narrative, etc.) employé par la télévision et le cinéma commercial pour véhiculer leurs messages. C'est le mitraillage dense et rapide de sons et d'images, la structure, apparemment fluide mais structurellement fragmentée, qui nous est devenue si familière ». Il tente donc une proposition formelle différente, utilisant des caméras portatives, des acteurs amateurs et en recourant à l'improvisation.

Punishment Park a été fortement attaqué à sa sortie et les studios d'Hollywood ont refusé de le distribuer. Le film est resté à peine quatre jours à l'affiche avant d'être retiré. Il semble aujourd'hui plus pertinent que jamais. La criminalisation de la lutte contre la guerre à Gaza a succédé à celle contre la guerre du Vietnam. Les arrestations préventives, les lois d'exception, les procès expéditifs et l'utilisation de l'antiterrorisme contre l'opposition politique rappellent tristement le climat dépeint par Watkins.

Rob Grams

1 Terme pratique mais refusé par le réalisateur : « On ne peut pas réduire ce prétendu genre à un seul style. Incroyables, ces deux termes "documentaire", qui est stupide, mais aussi "faux"! […] Tous les articles sur moi ne pensent qu'à me coller des étiquettes », « Entretien avec Peter Watkins : mon cinéma met en cause le cinéma », *Les Cahiers du Cinéma*, n°595, février 2005, p. 82.

2 « Peter Watkins : auteur combattant », *Les Cahiers du Cinéma*, n° 598, février 2005.

70'S

BLUE COLLAR
PAUL SCHRADER ET LES TRAHISONS SYNDICALES (1978)

Blue Collar est construit comme un thriller, avec des éléments de comédie, mais parle en vérité du travail ouvrier dans les usines automobiles de Détroit et des rapports de force qui s'y jouent. Dans le premier film qu'il a réalisé, son plus marxiste, Paul Schrader, scénariste de *Taxi Driver*, parvient à éviter les deux écueils des « films sociaux » : l'idéalisation et le misérabilisme. Ici la *working class* est prise dans un système, ce qui n'empêche pas le réalisateur d'aussi faire ressortir le drôle, le cool…

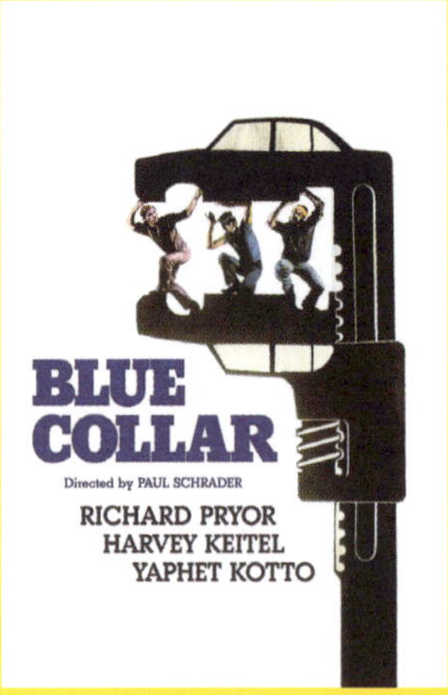

Le film est surtout une charge virulente contre les syndicats et leurs trahisons. C'est ce qu'a bien noté la critique du *Monde* par Mathieu Macheret : « Schrader évite tous les écueils d'une "fiction de gauche" alors en vogue (mauvaise conscience, discours substitué, exemplarité) et cerne avec une lucidité sidérante l'idéologie rampant sous le réformisme des syndicats. Elle peut se résumer en un mot, qui était aussi celui, fameux, du *Guépard* de Visconti : "Que tout change pour que tout reste à sa place". »

On y voit aussi le racisme structurel où les ouvriers noirs doivent, en plus du reste, affronter l'arbitraire policier, réclamer l'égalité des salaires avec les blancs, se voir ignorés par le syndicat et les stratégies pour opposer travailleurs noirs et blancs…

Au casting, Harvey Keitel (*Reservoir Dogs, La Leçon de Piano…*) mais surtout Richard Pryor, grande figure afro-américaine du stand-up décédé en 2005.

Rob Grams

SÉRIE

FOR ALL MANKIND (2019)

La série *For All Mankind* (pour toute l'humanité) commence en 1969 dans le monde et l'Histoire tels que nous les connaissons : en pleine guerre froide, l'Union Soviétique et les États-Unis rivalisent de moyens et d'audace pour mener la conquête spatiale, en découvrant l'espace qui nous entoure. Mais le point de départ de la série est le suivant : ce ne sont pas les États-Unis qui font marcher le premier homme sur la Lune, mais l'URSS. Cet évènement est le point de départ d'une histoire alternative que la série invente et suit de 1969 à 1999, où cette première victoire soviétique, suivie d'une deuxième (ils sont les premiers à envoyer… une femme sur la Lune) rend la course à l'exploration spatiale déterminante et surinvestie par les puissances mondiales, au point de changer de nombreux évènements (l'URSS ne disparaît pas en 1991 et, blague gratuite des scénaristes, Margaret Tatcher meurt dans un attentat).

La série suit particulièrement plusieurs personnages, astronautes et scientifiques de la NASA, qui tentent de rattraper le retard états-unien en la matière. Cette nouvelle course spatiale change toute une partie de l'Histoire du monde, et les créateurs de la série imaginent l'impact qu'elle aurait eu sur les initiatives des puissances étatiques : colonisation et exploitation des ressources de la Lune puis exploration et colonisation de Mars.

Servie par un très bon casting, de très belles séquences spatiales et un suspens haletant, *For All Mankind* aborde de nombreuses questions sociales à mesure que l'impact de ces projets pharaonique et découvertes technologiques ont sur le monde : place des femmes et des personnes racisées, homophobie, sort des travailleurs aux emplois détruits par de nouvelles découvertes sur le plan énergétique, propagande étatique et instrumentalisation politique de la science… La série raconte aussi la place croissante des entreprises privées dans l'exploration spatiale via l'émergence d'une sorte d'Elon Musk obsédé par la colonisation de Mars.

Pourquoi aller dans l'espace ? Qu'est-ce que l'humanité a donc à y faire ? *For All Mankind* aborde ces questions de façon peu révolutionnaire, mais elle a le mérite de les poser. Elle montre ce qu'il y a de dangereux à avoir de grands rêves pour notre espèce humaine quand ce sont seulement des puissants qui en fixent les règles et les limites.

Nicolas Framont

SÉMINAIRE
LE TEAMBUILDING… C'EST L'HORREUR ! (PATRIK EKLUND, 2023)

Après avoir validé l'installation d'un centre commercial sur des terres paysannes, un groupe d'employés municipaux se retrouve pour un « séminaire d'entreprise » à la campagne. Mais un tueur masqué vient gâcher la fête… Dans sa première partie, cette comédie d'horreur arrive à parfaitement retranscrire l'atmosphère infâme des *team buildings* pour cadres supérieurs : la boss atroce, la complicité masculine toxique (les imitations infernales du *Loup de Wall Street*, les discussions sur les cryptos…), les phrases archétypales, les citations à deux balles hors contexte, la « philosophie d'entreprise », le jacuzzi collectif, la passive-agressivité comme mode de communication…

Dans sa seconde, le film du suédois Patrik Eklund se transforme en un *slasher*[3] efficace mais plus classique… à ce détail près que le tueur porte un masque de charbonnier, « les prolétaires des forêts » (designé par l'artiste suédoise Tove Jansson).

Une satire violente mais drôle !

Rob Grams

3 Sous-genre du cinéma d'horreur qui met en scène des séries de meurtres par un tueur, souvent masqué. Exemples : *Vendredi 13*, *Halloween*, *Scream*…

CANDYMAN
LE RETOUR DU REFOULÉ RACISTE (NIA DACOSTA, 2021)

Réalisé par l'afro-américaine Nia DaCosta, et produit par Jordan Peele (le réalisateur du très remarqué *Get Out*) le film *Candyman* de 2021 s'inscrit dans la lignée de la « Black Horror » , un sous-genre qui met en avant des personnages noirs tout en explorant des problématiques sociales et antiracistes. Cette version respectueuse du film original des années 1990, dont elle est à la fois suite et *remake*, poursuit la réflexion sur la gentrification[4] et le racisme structurel : Candyman, démon vengeur, incarne ici le retour du refoulé raciste d'une nation malade.

Le film ne se contente pas de pointer du doigt le racisme ordinaire, mais creuse aussi la responsabilité des promoteurs immobiliers dans la gentrification, montrant comment celle-ci dévaste des communautés entières. *Candyman* parle aussi du racisme policier et de sa brutalité institutionnalisée.

Enfin, le film aborde également la place particulière des artistes afro-américains. Il met en lumière cette réalité d'une société qui peut apprécier les créations des personnes noires tout en continuant à les marginaliser et à les opprimer. Comme l'un des personnages le souligne avec lucidité : « Ils aiment nos créations mais ils ne nous aiment pas nous. » Cette observation résonne puissamment dans un contexte où la culture noire est souvent exploitée et commodifiée sans respect ni compréhension réelle de ceux qui la créent.

Rob Grams

4 La gentrification désigne le processus de transformation d'un quartier autrefois moins cher et souvent négligé en un quartier plus cher et généralement plus attrayant pour les personnes aisées. Cela peut se traduire par une augmentation des loyers, des prix de l'immobilier, ainsi que des changements dans la composition démographique et culturelle du quartier.

THE OLD OAK
KEN LOACH ET LE RACISME DE LA *WORKING CLASS* (2023)

The Old Oak raconte l'arrivée de réfugiés syriens dans une région minière et ouvrière de l'Angleterre, près de Durham. Celle-ci va diviser les habitantes et habitants.

Dans ce film, Ken Loach, réalisateur britannique et marxiste, préfère se concentrer sur le racisme en provenance des classes populaires (qui après tout peut exister), fait de préjugés, de méchancetés, de remarques et d'attitudes désobligeantes ou hostiles, plutôt que sur le racisme d'État ou systémique (les violences policières, bureaucratiques, les difficultés d'accès à l'emploi et au logement, la division raciste du travail, les rapports néocoloniaux…) qui, lui, est, largement épargné.

Il fait également le choix de mettre en scène pour protagoniste principale une immigrée « idéale » : toujours de bonne volonté, ne s'énervant jamais, très belle, pas voilée, réfugiée syrienne (donc immigrée politique plutôt qu'« économique »), etc. Par ces deux opérations, Ken Loach perd en puissance politique.

Néanmoins, à beaucoup de reprises, et par son amour sincère des classes travailleuses, sans distinction d'origine, le long-métrage est souvent touchant.

Il donne aussi des perspectives très concrètes pour refaire communauté, quand partout on cherche à nous opposer : organisation de cantines populaires pour que tout le monde mange ensemble, production d'œuvres et d'évènements culturels qui rassemblent les identités des nouveaux venus et les identités populaires locales…

Rob Grams

LES BARBARES
PLUTÔT LES UKRAINIENS QUE LES SYRIENS ?
(JULIE DELPY, 2024)

Un an après *The Old Oak*, Julie Delpy a sorti un film au postulat très similaire, mais elle, sous l'angle de la comédie : au lieu de recevoir comme prévu des réfugiés ukrainiens, une petite commune bretonne se retrouve à accueillir des réfugiés syriens.

Le marketing du film laissait attendre le pire : soit une comédie réac lourdingue à la *Qu'est-ce qu'on a fait au Bon Dieu ?*, soit une longue leçon de morale paternaliste de la bourgeoisie de gauche sur l'intolérance des classes populaires. Dans l'absolu le film n'évite d'ailleurs pas tous ses écueils : tendances bourgeois *gaze* (Laurent Lafitte en plombier, ahem…), clichés sur la Bretagne… Comme Ken Loach, Julie Delpy fait le portrait des réfugiés facilement aimables : les femmes ne sont pas voilées, toute la famille est belle et assez bien élevée, ils sont tous extrêmement diplômés, cadres ou artistes (médecin, architecte, graphic designer, poète…). Ce qui laisse le même goût amer : faudrait-il être le parfait migrant pour pouvoir être accepté ? Toutefois, Delpy introduit aussi plus de nuances chez ces personnages que ne le faisait Ken Loach et traite de tous les efforts que ces derniers doivent mettre en place pour tenter de créer de l'empathie envers eux.

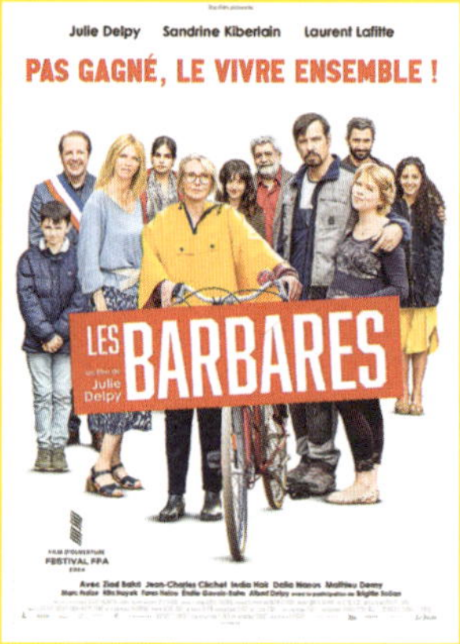

Au final, en faisant le choix de la comédie, et en évitant d'essayer de susciter un rire gras sur des habitants ruraux qu'elle aurait représentés comme forcément lourdement racistes, ce qui aurait rendu le film difficilement supportable, Julie Delpy réussit globalement son coup : incarner la question des réfugiés, leur donner des visages, une histoire, créer de l'empathie pour tout le monde, essayer de montrer les mécanismes racistes conscients ou non qui font que l'accueil de réfugiés ukrainiens est beaucoup plus socialement accepté que celui de réfugiés racisés.

Rob Grams

KILLERS OF THE FLOWER MOON
MARTIN SCORSESE ET LE MEURTRE DES INDIENS OSAGE (2023)

En racontant l'histoire des meurtres des tribus Osage (les meurtres d'une soixantaine d'autochtones dans l'Oklahoma entre 1918 et 1931), avec un soin certain dans la reconstitution historique, Martin Scorsese, le célèbre cinéaste italo-américain (*Taxi Driver, Les Affranchis, Casino*…) réalise son *There Will Be Blood* (film de Paul Thomas Anderson sur le parcours d'un exploitant pétrolier). Il y dresse, comme dans d'autres de ses films, une parfaite continuité entre système mafieux et capitaliste, mais prend ici une situation particulièrement intéressante qui fait interagir les dynamiques de classes, de genre et celles du racisme colonial.

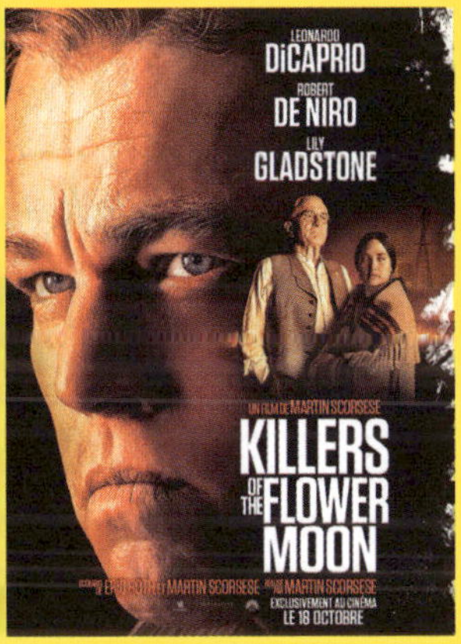

Politiquement le film est imparfait (il fait par exemple preuve d'une étonnante naïveté sur le FBI de J. Edgar Hoover) mais cherche avant tout à faire connaître cette période fortement intéressante et à rendre hommage à ces personnes effacées de l'histoire officielle. Il produit également, comme le soulignait François Bégaudeau dans son épisode consacré dans sa série de podcasts *La Gêne Occasionnée*, des images jamais vues ailleurs : notamment celle d'Indiens faisant brièvement l'expérience de la vie de riches blancs.

Rob Grams

LE GRAND SILENCE
LE WESTERN ANTICAPITALISTE DE SERGIO CORBUCCI (1968)

Le Grand Silence est un sommet du western italien, réalisé par Sergio Corbucci. Il est régulièrement cité comme une grande source d'inspiration par Quentin Tarantino (*Django Unchained, Les Huit Salopards*[5]…).

Le film marque d'abord par sa très grande qualité de mise en scène.

La photographie de Silvano Ippoliti dans les montagnes enneigées est sublime (le film qui se déroule dans l'Utah aux États-Unis fut en réalité tourné dans les Dolomites, dans le nord de l'Italie) tout comme la musique d'Ennio Morricone.

Jean-Louis Trintignant parvient à donner chair à Silence, son personnage mutique qui tue des chasseurs de prime. On y voit aussi Vonetta McGee, future actrice majeure de la *blaxploitation* (le cinéma afro-américain des années 1970).

Même la scène d'amour est réussie – chose assez rare dans les westerns de l'époque. Sergio Corbucci en était d'ailleurs conscient, disant à propos de son film : « C'est la seule scène d'amour que j'ai incluse dans un de mes westerns, un genre où les femmes sont souvent représentées de façon étrange ». Sur ce point, ce dernier était visiblement en cohérence avec ce qu'il pensait, Vonetta McGee disant de lui qu'il était « l'homme le plus gentil du monde », qui ne lui aurait « jamais fait d'avance » (une précision aussi triste que révélatrice du climat dangereux et sexiste des tournages…)

Mais le long métrage frappe surtout par son acuité politique. Profondément marqué par les assassinats du révolutionnaire cubain Che Guevara et du militant pour les droits des afro-américains Malcolm X, Sergio Corbucci y défend une thèse très radicale et désillusionnée : dans le capitalisme, la loi dissimule les mécanismes d'oppression. Loin de permettre la justice, elle consacre la loi du plus fort, elle institue la violence au service du capital, de la propriété et des marchands.

Ce bras armé du capitalisme et de l'État est incarné par des chasseurs de prime sanguinaires, menés par Tigrero (lui incarné par Klaus Kinski) qui massacrent, mais massacrent en toute légalité, alors que les « bandits » persécutés sont en réalité des paysans poussés au vol par nécessité… Bref, un chef-d'œuvre à découvrir ou redécouvrir.

Rob Grams

5 Philippe Lombard, *Tarantino Reservoir Films* (2020), Omaké Books, pp.130-133.

CORINNE MOREL DARLEUX
AURÉLIEN BELLANGER
ROSE LAMY

CE QUI LES

CORINNE MOREL DARLEUX

PROPOS RECUEILLIS PAR GUILLAUME ETIÉVANT

Corinne Morel Darleux est autrice, son dernier ouvrage paru est : *Alors nous irons trouver la beauté ailleurs*, Libertalia, 2023.

QUELLE LUTTE, COMBAT OU PROJET T'A PARTICULIÈREMENT INSPIRÉE / DONNÉ ESPOIR RÉCEMMENT ?

Jusqu'à peu, je déclinais les invitations à parler de joie militante. L'expression me plaisait, beaucoup même ; mais sur le papier. Dans les faits je voyais de la gravité, un impératif éthique, de la dignité, de la beauté même à lutter. J'y mettais plein de choses, mais de la joie, non. C'était un combat. Avec des adversaires et des alliés, des traîtres et des coups à ramasser (je force un peu le trait). La joie n'était pas notre propos – et vu la marche du monde, je n'avais pas le cœur à ça. Quant à l'espoir… L'espoir de quoi ? Il ne s'agissait pas d'espérer ou pas, d'être optimiste ou pessimiste ; il s'agissait d'avancer avec lucidité.

Et puis, sont arrivés l'Atelier Paysan, les chantiers écoféministes de Reprise de savoirs, les Soulèvements de la Terre. Chacun a changé ça à sa manière.

Nous avons, en juin 2024, organisé une grande fête de l'Atelier Paysan, coopérative d'autoconstruction qui développe, depuis quinze ans, des outils pour l'autonomie paysanne – en repérant ce qui s'invente dans les granges, en formant, en soudant, en colportant un projet politique. J'ai vu à cette fête des gens rire de bon cœur, mais aussi débattre et se former avec sérieux ; j'y ai vu se croiser des réseaux épatants, dont le maillage commence à avoir de l'allure, vraiment. Et là, oui, le cœur gonflé d'espoir (je force un peu là aussi, mais pas tant que ça).

Re-belote en juillet à Melle, en manifestant une aigrette géante sur l'épaule, en découvrant l'attention portée à la solidarité, au soin, à la confiance, dans un village de l'eau créé de toutes pièces pour l'occasion. D'une tenue inouïe, sans un papier gras, sans une remarque déplacée, avec des délégations internationales du tonnerre et des complicités en pagaille. Comme ça fait du bien de voir que nous savons parfois nous organiser pour créer un monde dans lequel nous voudrions vivre.

J'y ai retrouvé des camarades au sens le plus fort du terme, et des amies. Celles des cercles écoféministes, qui m'ont appris la joie. Qu'on pouvait lutter, et de manière déterminée, sans mettre de côté sa sensibilité, ses désirs d'embrassades, de chants, de bains de rivière et, tout simplement, d'amitié. De dignes héritières de Rosa Luxemburg, de sa radicalité comme de ses mésanges charbonnières.

ANIME

MATHILDE LARRÈRE
OLIVIER BESANCENOT
JOHANNA SILVA

AURÉLIEN BELLANGER

PROPOS RECUEILLIS PAR NICOLAS FRAMONT

Écrivain, auteur de *Les Derniers Jours du parti socialiste*, Seuil, 2024.

QUELLE LUTTE, COMBAT OU PROJET T'A PARTICULIÈREMENT INSPIRÉ / DONNÉ ESPOIR RÉCEMMENT ?

Alors qu'un ancien ministre reparle de supprimer les 35 heures, je me suis souvenu que leur instauration coïncidait à peu près avec mon entrée dans le monde du travail. J'ai connu *in extremis* ces journées pénibles, d'ennui absolu, où je débauchais, le vendredi excepté, à 18 heures. Les 35 heures, en me faisant finir à 17 heures, m'ont tout simplement rendu cette heure volée. D'ailleurs, si je voulais déjà être artiste, c'était essentiellement pour échapper à la prison du salariat. Non, il n'est pas vrai que le travail émancipe.

Je le savais depuis ce premier ete, apres mon bac, passé en compagnie d'un vieux Fenwick dans un entrepôt Royal Canin. Cela ne durerait que deux mois mais je voyais mes collègues qui étaient là depuis des années. L'un deux, tout au plus, avait l'espoir de devenir contremaître. C'est-à-dire qu'il surveillait, sur le quai de chargement, que nous avions mis le bon nombre de sacs de croquettes sur nos palettes. Il m'a fallu très peu de temps pour me mettre à fumer de l'herbe, comme les autres, pour supporter les longues après-midi. Alors voilà, c'est peu, mais cela m'a convaincu que le seul horizon politique possible, c'était l'abolition du travail. Et que la gauche qui n'a pas ça en tête n'est pas vraiment la gauche. Et que ce nous traversons, là, n'est pas une crise de la dette due à notre improductivité, mais encore et toujours la sempiternelle crise du capitalisme. Et qu'il faudrait bien, une fois pour toute, repenser un monde sans travail pour ne plus revivre ni celle-ci, ni les solutions mauvaises qu'on va imaginer pour en sortir.

Alors, oui, je me souviens du grand espoir de mes 20 ans, au temps de la dernière grande réforme de gauche du marché du travail que nous avons connue, et je me prends à rêver moi aussi de l'abolition des 35 heures, et du passage au 30, au 20, aux 10 heures. Et de la fin, un jour, du salariat et de son sale corollaire, la survaleur. La survaleur qui demeure la plus dévastatrice des catastrophes que nous connaissons.

© Marie Rouge

ROSE LAMY

PROPOS RECUEILLIS PAR NICOLAS FRAMONT

Militante féministe, créatrice du compte Instagram « Préparez-vous pour la bagarre » et autrice de *En bons pères de famille*, JC Lattès, 2023.

QUELLE LUTTE, COMBAT OU PROJET T'A PARTICULIÈREMENT INSPIRÉE / DONNÉ ESPOIR RÉCEMMENT ?

La question qui m'anime en ce moment, c'est la lutte des classes. Sauf qu'elle est parasitée par le mépris culturel de la gauche, et particulièrement sa dissonance en matière de lutte contre les inégalités sociales. En 2024, la gauche semble mener la lutte des classes comme on sort ses poubelles : parce qu'il faut le faire, parce que c'est l'usage, mais le cœur n'y est pas.

L'engagement sur le sujet cohabite bien souvent avec un désamour flagrant, un dégoût, dirait Pierre Bourdieu, aussi profond qu'impensé, pour une partie des gens qu'elle s'engage pourtant à défendre sur le papier : les pauvres.

Enfin, pas tous les pauvres. Il y a encore les bons pauvres, ceux qui sont une réserve de voix, un moyen d'accéder au pouvoir. Ceux qu'on fétichise par tradition depuis les années 50, ceux par qui la révolution prolétaire arrivera, croit-on. Ceux qui viennent à nos AG et lisent Marx le soir au coin du feu.

Mais les autres, les mauvais pauvres ? Ceux qui ne correspondent pas au profil du prolétaire fantasmé, ceux qui votent mal, ceux qui ont aimé le dernier film d'Arthus ou d'Inoxtag ? On ne sait pas quoi en faire et, pire, on les humilie, comme s'ils ne méritaient pas qu'on défende leurs droits.

Il suffit de passer quelques heures sur les réseaux sociaux pour constater le *bashing* perpétuel de la gauche contre ces catégories sociales qu'elle est supposée défendre :

« HPI : Quels sont les signes que vous êtes plus intelligents que la moyenne ? » : « Ben déjà, vous ne regardez pas CNews », écrit un homme de gauche sur Twitter. Le post est viral, les commentateurs se félicitent de ce bon mot qui suggère qu'il existe les gens intelligents et les autres, ceux qui regardent CNews.

« En même temps, ceux qui regardent CNews et qui prennent au sérieux ce qui est dit ne sont pas les couteaux les plus affûtés du tiroir. Si on regarde CNews, c'est qu'on a déjà une opinion orientée dans le même sens que cette chaîne de M... ! »

Quelques semaines auparavant, un humoriste de gauche avait déclaré dans le même sens en interview : « Pour moi, regarder TPMP, c'est regarder des gens plus bêtes que moi commenter des programmes TV que j'ai eu l'intelligence de ne pas regarder. »

Bien sûr qu'il faut critiquer CNews et le dispositif médiatique de Bolloré, qui conduit la France tout droit vers le fascisme. Mais il faut s'en prendre à un homme d'affaires milliardaire et toute une caste de bourgeois opportunistes, qui vont où les mènent la promesse de plus d'argent et de plus de pouvoir. Pas à celles et ceux qui regardent.

Si les milieux militants savent repérer le mépris de classe quand il attaque les gens sur la base de leur valeur marchande, quand la question économique est au centre, s'ils voient le problème avec « il y a les gens qui travaillent et ceux qui ne sont rien », ils peinent parfois à voir toute l'étendue de leur mépris culturel dans une phrase comme « ceux qui regardent CNews ne sont pas les couteaux les plus affutés du tiroir ».

Ainsi va la dissonance cognitive de la gauche : trier les bons et les mauvais pauvres, ceux qui ont du capital culturel et ceux qui n'en valent pas la peine.

Et à chaque élection, tomber des nues.

« Les pauvres ne votent plus pour la gauche ? Bizarre. »

© Stéphane Burlot

MATHILDE LARRÈRE

PROPOS RECUEILLIS PAR GUILLAUME ETIÉVANT

Mathilde Larrère est historienne. Son dernier ouvrage paru est *On s'est battu·es pour les gagner : Histoire de la conquête des droits en France*, éditions Du Détour, 2024.

QUELLE LUTTE, COMBAT OU PROJET T'A PARTICULIÈREMENT INSPIRÉE / DONNÉ ESPOIR RÉCEMMENT ?

J'aimerais me souvenir de la première fois où j'ai vu un collage féministe, ces grandes majuscules noires sur des feuilles blanches A4, qui forment des slogans, des apostrophes aux passants sur les murs de nos villes. Était-ce dans la rue, ou sur une photo postée sur Twitter ou Instagram ?

Les premiers collages étaient des cris de colère face aux violences conjugales, aux féminicides, et face à l'inaction de l'État. Les prénoms des mortes, le décompte glaçant faisaient des murs comme des monuments aux morts entre femmage et accusation. Les collages donnaient à lire la sororité avec les victimes (« On te croit »), la dénonciation du patriarcat. Bientôt toutes les discriminations se retrouvaient affichées, pourfendues : racisme, antisémitisme, islamophobie, homophobie, grossophobie, transphobie, validisme.

Les collages féministes sont une prise de murs majoritairement masculins. La première affiche signée par une femme l'a été en 1792 par Olympe de Gouges, autrice de la Déclaration des Droits de la femme et de la citoyenne, mais sans vraiment susciter d'émules chez ses consœurs révolutionnaires. Il faut attendre les suffragistes de la fin du XIXe siècle pour que les féministes s'attaquent sérieusement aux murs. Flambeau repris par les militantes des années 1970 et aujourd'hui donc.

Plus que les murs, c'est tout l'espace public qu'il s'agit bien de conquérir ! « La rue est à nous » clame un collage récurrent ! La vieille séparation des sphères publiques et privées en prend un coup, les femmes sortent de l'*oikos* (la maison) pour écrire sur les murs de l'agora masculine. Et ce d'autant plus que ce qu'elles dénoncent, ce sont justement d'abord les violences domestiques, bien enfermées dans les espaces privés.

Des rues *de facto* dangereuses aussi, où l'on enjoint plutôt les femmes à la discrétion, la prudence – surtout la nuit, temps masculin. Et bien stop ! « Pourquoi est-ce que les femmes ne peuvent pas flâner dans les rues la nuit ? » interpellent les lettres noires. « Quand je sors je veux être libre, pas courageuse ».

Matériels, les collages, photographiés par les colleureuses, les passants et passantes, sont aussi nés grâce au virtuel. Les réseaux servent aussi à la circulation des savoir-faire et aident les groupes à se monter sur tout le territoire.

Car les collages ne sont pas que des écrits mais des collectifs militants qui pratiquent la non mixité (que des femmes, ou sans « mec cis », d'où le terme de colleureuses), s'agrègent suivant des logiques territoriales (comme Collage féminicides Marseille/Montreuil) ou catégoriques (colleureuses Juives et juifs, racisé.es, Trans, « collectif handi-neuroA »...). Autant d'espaces de sociabilisation et de conscientisation féministes qui partout éclosent, la cohérence formelle des collages donnant l'impression d'une armée invisible (« Le sexisme est partout / nous aussi »).

« Murs blancs, peuple muet » pouvait-on lire en 68. Les collages sont un des cris des femmes de ce début du XXIe siècle.

© Photothèque Rouge / Martin Noda / Hans Lucas

OLIVIER BESANCENOT

PROPOS RECUEILLIS GUILLAUME E. ET ROB G.

Olivier Besancenot est postier de profession, militant au Nouveau Parti Anticapitaliste dont il fût aussi le porte-parole, auteur de plusieurs ouvrages, et fût candidat aux élections présidentielles de 2002 et 2007.

QUELLE LUTTE, COMBAT OU PROJET T'A PARTICULIÈREMENT INSPIRÉ / DONNÉ ESPOIR RÉCEMMENT ?

Il y en a beaucoup : des grandes luttes collectives, locales, régionales, nationales. Je veux en particulier citer le combat mené par Assa Traoré[1] qui a participé à des convergences qui peuvent nous inspirer dans la période actuelle, et celui des Soulèvements de la Terre[2], qui à leur manière et dans leur registre, provoquent aussi des rapprochements. Bien sûr, aussi, le mouvement des retraites de 2023, où nous avons vu des alliances sur le terrain qui ont été très exaltantes.

Et mine de rien, ce qu'il s'est passé entre les deux tours des législatives de 2024 est très important. Je ne fais pas partie des gens blasés. Je suis évidemment conscient des rapports de force et des difficultés, et du fait que la victoire du Nouveau Front Populaire est partielle, limitée, en partie en trompe-l'œil, car liée au fonctionnement du scrutin à deux tours de la Ve République. Mais d'une part l'illusion participe à faire du vrai, et d'autre part, dans cette illusion-même, il y avait du vrai malgré tout.

Non seulement ce qui était annoncé comme gravé dans le marbre n'est pas arrivé, c'est-à-dire que le RN obtienne la majorité absolue, mais en plus il n'a pas eu la majorité tout court. Ça, c'est une victoire : elle est éphémère, ne règle rien, ne donne qu'un sursaut, mais il faut la savourer pour ce qu'elle est, car elle signifie une chose, c'est que l'histoire n'est jamais écrite par avance. Les médias avaient par exemple imposé l'idée que le RN était la voix de la jeunesse, car Bardella était le gendre idéal, qui cartonnait sur TikTok, etc. Nous avons prouvé que ce n'était pas le cas, même s'il y a encore beaucoup trop de jeunes qui votent pour le RN. Quand tu vois, dans les manifestations, des jeunes, qui débordent sur les trottoirs, et qui chantent « la jeunesse emmerde le Front National », je me dis qu'il y a toujours des raisons d'espérer. Donc, comme exemple de lutte inspirante, j'insiste sur le Nouveau Front Populaire, quitte à surprendre. À gauche, quelle que soit notre sensibilité, nous pouvons vite devenir cynique ou blasé. Or, sans le NFP, même la discussion que nous avons là nous ne l'aurions peut-être pas eu de la même manière. Je ne dis pas que nous serions dans le maquis pour faire cet entretien, mais si le gouvernement était RN, nous subirions en tout cas des degrés de répression sûrement encore supérieurs…

1 Assa Traoré est la sœur d'Adama Traoré, mort en 2016 après son interpellation par des gendarmes, et est la fondatrice du Comité Vérité et Justice pour Adama qui milite contre les violences policières.

2 Les Soulèvements de la Terre sont un collectif d'écologie radical fondé en 2021.

© Hugues Duchêne

JOHANNA SILVA

PROPOS RECUEILLIS PAR NICOLAS FRAMONT

Après avoir été pendant cinq ans coordinatrice de *Fakir* et assistante de François Ruffin, Johanna Silva a pris la tangente et a écrit un récit littéraire et critique de cette expérience : *L'Amour et la révolution*, Textuel, 2024.

Cet été, je suis tombée amoureuse. Je vous épargne le récit des papillons dans le ventre, même s'il serait sûrement très joli. Ce qui m'intéresse ici, c'est ce qui est inédit pour moi dans cette nouvelle relation, et notamment la façon dont on réagit ensemble à nos émotions négatives : ma peur, sa culpabilité, l'agacement devant nos erreurs. Le soin que l'on se porte l'un à l'autre dans ces moments-là, l'effort que l'on fait pour empêcher la peur de nous séparer. Je crois n'avoir jamais aimé de cette manière-là. C'est même encore difficile pour moi de la décrire seulement : est-ce que si j'écris « je prends le temps de le regarder », on me comprendra ? Dans nos discussions, nous nous efforçons de transformer la honte en confiance et la culpabilité, en responsabilité.

La possibilité qu'une relation amoureuse de cette nature existe dans ma vie m'abasourdit encore un peu. Après avoir quitté François, j'ai pensé longtemps que la tristesse ne me quitterait jamais. Même quand j'ai été mieux, l'idée de la relation amoureuse est restée pour moi empreinte de crispation, de domination : un endroit dangereux où je n'avais pas très envie de foutre les pieds. D'ailleurs ça n'était pas que François. Combien de fois je l'ai vécue, combien de fois j'en ai été témoin, cette violence feutrée, née du système patriarcal, qu'on a du mal à nommer comme telle, qui est subtile, mais qui gâche, qui appauvrit tant de relations amoureuses ?

Ma vie n'a jamais cessé d'être remplie d'amour, celui de mes ami·es, de ma famille, de mes colocataires, de mes camarades de fanfare, de travail ou de fête. Cependant, celui que l'on trouve dans la relation amoureuse m'était devenu inaccessible. La relation hétérosexuelle semblait porter en elle, inévitablement, la domination et du même coup, la souffrance. Je sais maintenant que quand j'ai rencontré François, je portais en moi cette domination, je sais que lui aussi, et que les choses n'auraient pu se dérouler que comme elles se sont déroulées.

Si j'ai le sentiment et la joie de commencer aujourd'hui à construire autre chose, un autre type de relation, si l'amour romantique devient pour moi un endroit de puissance – espérons que cela dure –, c'est bien sûr grâce à cette rencontre – il n'y est pas pour rien, le bougre – mais aussi grâce à un mouvement intérieur, très intime, qu'il faut cependant replacer dans un cadre beaucoup plus large, plus collectif, et plus politique.

Sans #MeToo, sans les déferlantes féministes passées et actuelles, sans les lectures, les écoutes, les discussions, je n'aurais jamais pu comprendre que cette tristesse était politique et l'impuissance qui m'a longtemps habitée, le fruit de la société patriarcale, et ne me serais pas libérée au passage du poids énorme de la culpabilité.

Sans mes camarades et mes amies elles-mêmes nourries de féminisme, sans notre entraide, sans un amour déjà présent partout dans ma vie, je n'aurais jamais disposé des ressources affectives, intellectuelles, culturelles nécessaires pour avancer.

Un autre aspect important de la question : celui des conditions matérielles d'existence. J'ai certes mené un « travail sur moi », mais à quelles conditions celui-ci était-il possible ? Je sais ce que je dois à une position sociale et matérielle favorable, qui m'a permis de me libérer quelques temps de la nécessité du travail salarié, de m'accorder de l'espace, et de quoi payer une thérapie.

Le féminisme aura été pour moi une force de réparation, une force de lien, et continue chaque jour de l'être. Grâce au féminisme, j'ai l'occasion de vivre une nouvelle forme d'amour. Alors aujourd'hui il est là, mon désir de politique, mon feu : dans l'envie de rendre l'amour, toutes les formes d'amour, possible pour toutes et tous ; de nous interroger, ensemble, sur les conditions d'un amour émancipateur ; de travailler, ensemble, à ce qu'elles soient réunies pour chacun·e.

PROPOSITION PAR NICOLAS FRAMONT

travailler sans **chefs**

La subordination au travail est une expérience fondamentalement frustrante. Or, à mesure que le capitalisme s'est intensifié et que ses logiques ont contaminé les sphères publiques et associatives, de plus en plus de salariés se voient dicter leur quotidien par des règles strictes et des évaluations humiliantes. Beaucoup cherchent à sortir du salariat, en se tournant vers des alternatives individuelles fragiles sur le plan financier : auto-entreprenariat, reconversion professionnelle… Il faut dire que plus grand monde, parmi les syndicats et les partis politiques, ne porte l'idéal d'un travail réellement émancipé, où l'on ne subisse plus les ordres d'autrui mais où l'on puisse être autonome, et décider collectivement de la façon dont on travaille. Mais sans chef, est-ce que ce ne sera pas le chaos ? Travailler sans chef, est-ce complètement utopique ? Le vrai irréalisme, c'est plutôt de penser qu'on peut continuer comme ça… Démonstration :

En France comme ailleurs, une grande partie de la souffrance au travail est liée à la question hiérarchique. La plupart des gens sont insatisfaits de leurs chefs et plus de la moitié des personnes sondées lors d'une étude de 2019 estiment qu'il y en a trop et qu'ils pourraient faire mieux leur travail à leur place[1]. On a assisté, depuis une trentaine d'années, à une inflation managériale dans tous les secteurs de la société : entreprises privées, évidemment, mais aussi services publics et monde associatif. Il semble désormais naturel, quand on crée un collectif de travail, de désigner un chef, que l'on appellera directeur, responsable ou encore manager. Plus grand monde n'interroge ce réflexe, même dans l'économie coopérative où la propriété de l'entreprise appartient aux salariés. Peut-il exister des « bons chefs » ? La presse spécialisée regorgent d'article sur « comment avoir du *leadership* », « comment être un manager bienveillant » et le nombre de stages de formations pour responsables hiérarchiques doit constituer une mine d'or pour le secteur, puisque c'est la réponse de nombre d'entreprises face aux abus et à la violence managériale.

1 Sondage sur « les salariés et leur chef », réalisé en mai 2019 par OpinionWay auprès de 1 000 salariés.

Pourquoi la plupart des chefs sont incompétents

La fonction de chef, ou « responsable », ou « manager » regroupe des fonctions diverses et souvent contradictoires. Par conséquent, elles sont très difficiles à remplir, quand elles ne sont pas carrément inutiles ou nuisibles.

Pour commencer, le ou la cheffe exerce une autorité sur les autres travailleurs. Soit il est à la tête de l'entreprise, dans le cas d'une TPE, soit il représente le patron et les actionnaires – l'État, dans le cas du secteur public, le Conseil d'Administration, dans le cas des associations. Cette autorité se traduit par des ordres et une surveillance : il s'agit de dire aux autres quoi faire, comment le faire, et de vérifier que ces tâches sont correctement exécutés. Le manager a un pouvoir de sanction : lors de sacro-saint « entretien annuel d'évaluation » ou par le biais de procédures de notation en continu, il peut décider qui aura une augmentation de salaire ou changera de poste, obtiendra une mutation intéressante ou au contraire verra toutes ces demandes bloquées.

Si le nombre de chefs en tout genre a explosé, c'est parce que du côté de la gestion de l'État comme celle des entreprises, le contrôle et la surveillance des travailleurs sont devenus des leviers essentiels de la réduction des dépenses publiques d'un côté et de l'augmentation des dividendes de l'autre. Il s'agit de « rationaliser » le travail en surveillant chacun des faits et gestes de ces « collaborateurs » afin d'« optimiser » leur action, une logique conceptualisée et popularisée au début du XXe siècle par l'ingénieur Frederick Taylor.

On associe à la fonction de chef d'autres rôles : par exemple, coordonner le travail des membres du collectif, en faisant en sorte de mettre en relation, d'assurer la continuité de la production (par exemple en répartissant les congés, en organisant les remplacements etc.). Ou encore le rôle de leader : donner de la motivation à un groupe, les rassembler autour d'une mission commune… Une tâche qu'ils tentent souvent de remplir à coup d'afterwork, séminaire d'entreprise et réunions à rallonge. Malgré les multiples formations, articles de magazines et autres webinars consacrés au leadership, ses ressorts restent mystérieux et ce n'est pas quelque chose qui s'acquiert quand on en est dépourvu et que la structure que l'on sert manque de sens ou propose des conditions de travail pourries.

Peu de gens parviennent, une fois devenus chefs, à tenir ces différentes fonctions ensemble. On peut avoir des chefs enthousiasmant dans leur *leadership* mais complètement brouillon dans la coordination des personnes. Des chefs qui savent coordonner mais qui exercent la surveillance de façon complètement tyrannique. D'autres qui n'y arrivent tout simplement pas, et on les comprend, et qui ne servent donc à rien. Ce n'est pas forcément si grave parce qu'on devient chef d'abord par mécanisme de promotion interne. Deviennent chefs les gens reconnus et valorisés par la hiérarchie, et pas forcément pour des raisons de « compétences » ou de « mérite » : la promotion interne vient d'abord récompenser la loyauté. Et la loyauté ne requiert pas de talent particulier, hormis le conformisme, la flatterie et la soumission. Rien de plus.

Il y a plus de chance que quelqu'un devienne incompétent une fois promu plutôt qu'autre chose : c'est le « principe de Peter ». Cette théorie un poil humoristique a été élaborée dans les années 1970 par le professeur en sciences de l'éducation canadien Laurence Johnston Peter. Selon lui, « Dans une hiérarchie, chaque employé tend à s'élever à son niveau d'incompétence [...] avec le temps, chaque poste tend à être occupé par un employé incapable de s'acquitter de ses fonctions [...] Le travail est accompli par les employés qui n'ont pas encore atteint leur niveau d'incompétence. » Autrement dit, être promu rend incompétent : les chefs perdent généralement, en un temps record, les compétences qu'ont leur subordonnés... Mais prétendent les diriger quand même. Si on devient systématiquement médiocre en menant une carrière, c'est en raison de ce mécanisme selon lequel, quand on fait bien son travail à tel échelon, on peut être promu à l'échelon supérieur, et ainsi de suite, jusqu'à ce qu'on arrive au niveau où notre incompétence apparaît et où la promotion devient alors impossible. Sauf qu'il n'est plus possible, généralement, de nous rétrograder. Bref, l'expérience hiérarchique est fondamentalement déceptive, du côté des subordonnés comme des supérieurs.

Peut-on se passer de chef, une fois les entreprises progressivement socialisées, comme nous en donnons un aperçu dans l'article « Travailler sans actionnaire » ? L'expérience du monde associatif et d'une partie des entreprises coopératives existantes nous montre plutôt l'inverse. Le maintien d'une structure hiérarchique traditionnelle est plutôt de mise. Dans un livre passionnant sur l'économie coopérative, *Travailler sans patron*, les sociologues Simon Cottin-Marx et Baptiste Mylondo montrent les déterminants de ce maintien des structures hiérarchiques dans l'économie dite « sociale et solidaire », comme la pression des partenaires extérieurs (banques, assurances, pouvoirs

publics…) qui n'ont pas confiance dans une gestion collective. Pourtant, certaines structures parviennent à remettre en question ce réflexe hiérarchique, en nommant des chefs très surveillés et contrôlés ou en mettant en place des mentors qui accompagnent plus qu'ils dirigent les salariés les moins expérimentés, par exemple.

Pourquoi travailler sans chef est plus efficace

La socialisation rend pourtant certaines fonctions hiérarchiques obsolètes : par exemple, la surveillance et le contrôle des salariés sont nettement moins essentiels une fois qu'ils n'ont plus à être contraints à travailler vite et mal pour un propriétaire qui les exploite. Puisqu'ils possèdent collectivement leur entreprise, ils travaillent pour eux-mêmes. Puisqu'ils prennent collectivement les décisions, ils sont plus à même de les respecter. Ainsi, plus besoin de contremaître et de petits chefs. La fonction de surveillance disparaît. Bien sûr, il existe toujours des « passagers clandestins », phénomène dont parlent bien Baptiste Mylondo et Simon Cottin-Marx : des salariés qui sont moins motivés, moins impliqués que les autres et « profitent » de leur enthousiasme pour en faire moins. Ce risque est inhérent à tout travail collectif et il faut l'accepter tel qu'il est. La contrainte n'obtient que des résultats partiels et éphémères, même dans un cadre capitaliste, alors autant l'abandonner et se faire confiance : cela coûtera moins cher en définitive.

QUELQU'UN SUSCEPTIBLE DE SUSCITER L'ENTHOUSIASME DE SON ENTOURAGE N'APPARAÎT PAS MIRACULEUSEMENT PARCE QU'ON LE PAYE DAVANTAGE ET QU'ON LUI DONNE UN TITRE.

Il en va de même du *leadership* : quelqu'un susceptible de susciter l'enthousiasme de son entourage n'apparaît pas miraculeusement parce qu'on le paye davantage et qu'on lui donne un titre. D'ailleurs, les personnes les plus motivantes au travail sont plus souvent des égaux que des supérieurs hiérarchiques. Par conséquent, il faut accepter le fait que, comme dans tout collectif, il y a des personnes motrices, qui donnent envie de se mettre en mouvement, et que d'autres le sont moins… jusqu'à ce que les rôles évoluent. Graver dans le marbre qui a le monopole du *leadership* est une erreur qui passe à côté des dynamiques de groupes. Pas besoin d'une personne à qui l'on confie cette tâche. Si la mission de l'entreprise devient absurde, maltraitante ou trop peu rémunératrice, aucun « leader » ne pourra remédier à ça. Pour autant, pour celles et ceux qui jugent nécessaire d'identifier une ou plusieurs personnes chargées de donner une impulsion au groupe, le manuel de l'activiste écoféministe Starhawk, *Comment s'organiser ? Manuel pour l'action collective*, préconise de nommer, pour un temps déterminé, des meneuses ou meneurs. Ce ne sont pas des chefs mais des personnes ressources qui endossent pendant un temps une responsabilité.

Tout le monde s'accorde généralement pour dire qu'il y a besoin de coordinateurs, c'est-à-dire de personnes qui ont une vision générale de ce que chacun fait, dans le collectif de travail, et fait en sorte que les activités des uns et des autres se répondent de la façon la plus harmonieuse possible. La mode managériale actuelle consiste à centraliser la fonction de coordination dans une personne ou un service spécialisé : le département des Ressources Humaines. Il est frappant qu'il existe des DRH y compris dans le monde associatif parce que ce terme renvoie à une vision déshumanisante du travail : le salarié est une « ressource », une variable parmi d'autres parmi les coûts avec lesquels doit composer la hiérarchie pour obtenir les meilleurs résultats possibles pour les propriétaires. La socialisation nous sortira de ce paradigme et devrait passer par la fin de ce vocabulaire. On pourrait à la limite parler de « responsable du personnel ». Mais faut-il que cette fonction – où sont discutés des salaires, des avancements, la répartition des tâches, des remplacements et des dates de congés – soit à ce point séparée du reste du collectif de travail ?

Maxime*, infirmier à l'hôpital de Saintes, me racontait l'absurdité du système de prise de congés, dont la coordination passe par un cadre hospitalier qui connaît mal les équipes et leurs besoins et a mis en place une procédure longue et complexe pour faire ses demandes de congés et de RTT. Dans son équipe où la discussion est facile, il lui semble beaucoup plus facile de remplir tous ensemble un calendrier et de s'échanger les jours et les dates, en cas de besoin. Les outils de gestion partagée proposés gratuitement sur internet peuvent permettre que la coordination se fasse collectivement. Mais la monopolisation de cette tâche par un cadre supérieur n'est qu'un prétexte à soumettre la prise de congés à un processus de surveillance et de sanction : pour pourrir la vie d'un salarié récalcitrant, rien de tel que de lui refuser ses dates de congés.

ON POURRAIT IMAGINER DES MANDATS DE COORDINATION, VOTÉS PAR DES ÉQUIPES ET ACCORDÉS POUR UN TEMPS DÉFINI À UNE OU DEUX PERSONNES, DONT LE TEMPS DE TRAVAIL SERAIT AMÉNAGÉ POUR MENER À BIEN CETTE TÂCHE.

Quand on sépare la coordination du contrôle, de la surveillance et de la sanction, elle est considérablement simplifiée : on peut se parler directement, trouver ensemble des solutions et éviter de recevoir des consignes d'en haut, qui semblent d'autant plus absurdes ou nuisibles qu'elles sont envoyées par des gens qui prétendent avoir une connaissance fine de l'organisation du travail mais qui, du fait de leur hyperspécialisation et de leur distance avec le collectif de travail, n'en savent pas grand-chose. Combien de salariés ont l'impression que leur direction est « hors sol », qu'elle prend des décisions « absurdes », qu'elle imagine des procédures qui compliquent leur travail plus qu'elle ne le facilite ? En rendant la fonction de coordination aux salariés, on rend le travail plus simple et finalement plus efficace. Il n'empêche que dans des structures plus importantes, avoir des personnes qui coordonnent une organisation complexe peut sembler indispensable. Auquel cas, pourquoi cette fonction devrait être permanente, d'une part, et donner lieu à un poste supérieur et mieux payé, d'autre part ? On pourrait imaginer des mandats de coordination, votés par des équipes et accordés pour un temps défini à une ou deux personnes, dont le temps de travail serait aménagé pour mener à bien cette tâche.

Les chefs semblent indispensables parce que l'on n'analyse pas les fonctions que cette notion recouvre. Elle semble toujours mystérieuse, sacrée, et ce sont les hiérarchies elles-mêmes qui cultivent cette mystification de leur rôle. Pour travailler de façon plus efficace et plus juste, il faut faire tomber les chefs de leur piédestal. Il faut ensuite distinguer les fonctions qu'ils occupent, les conserver et les attribuer en toute rationalité, retirant toute aura de prestige et de supériorité qu'on nous a, jusqu'ici, obligés à leur donner.

FRUSTRASCOPE

BÉLIER ♈

21 mars - 20 avril

Amour ☆
En ouvrant la table de chevet de votre moitié, vous tombez sur le dernier roman érotique de Marlène Schiappa.

Travail ☆☆
Vous échappez de justesse à une intoxication alimentaire après avoir refusé un *after work* organisé par la direction.

Bien-être ☆☆☆
La médecine du travail vous donne enfin raison et oblige votre employeur·euse à vous acheter le bureau ergonomique de vos rêves.

TAUREAU ♉

21 avril - 20 mai

Amour ☆☆
Vous parvenez enfin à faire admettre à votre partenaire qu'il sait utiliser la machine à laver durant votre thérapie de couple.

Travail ☆
Un échange houleux avec votre collègue finit en copie à votre n+1.

Bien-être ☆☆
Un·e RH vous sourit.

GÉMEAUX ♊

21 mai - 21 juin

Amour ☆
Votre proposition de soirée « Netflix and chill » pleine de sous-entendus est prise au sérieux par votre rencard qui souhaite revoir l'intégrale du *Seigneur des anneaux*.

Travail ☆☆☆
Vous avez su vous montrer particulièrement assertif·ve lors de votre dernier *call* : votre senior manager vous félicite chaudement devant tout l'*open space*.

Bien-être ☆☆☆
Une panne informatique vous empêche de travailler (ce que vous faites semblant de regretter en soupirant fort devant vos collègues).

CANCER ♋

22 juin - 22 juillet

Amour ☆☆☆
Un tractage militant sur un marché fait ressurgir un amour de jeunesse.

Travail ☆☆☆
Avec le Soleil en Lion, votre créativité brillera : des idées de sabotage de votre outil de production se bousculent dans votre tête.

Bien-être ☆
Votre *food truck* préféré du midi ferme suite à une inspection d'hygiène.

LION ♌

23 juillet - 22 août

Amour ☆
Un flirt sur LinkedIn révèle finalement ses intentions en essayant de vous vendre une formation en charisme.

Travail ☆☆
Vous réalisez devant votre manager que vous n'avez jamais eu les droits d'accès sur le document sur lequel vous prétendez travailler depuis plusieurs semaines.

Bien-être ☆
La Lune vous rend hypersensible : un bourrage de papier dans l'imprimante vous met en forte détresse émotionnelle.

VIERGE ♍

23 août - 22 septembre

Amour ☆
Votre partenaire vante une nouvelle fois les mérites du barrage républicain lors de votre dîner en amoureu·ses.

Travail ☆
Vous enchaînez des meetings qui auraient pu être des emails.

Bien-être ☆
Une pénurie de *pasta box* à la supérette de votre entreprise vire à l'émeute à l'heure du déjeuner.

Que vous réservent les astres et la conjoncture économique ?

Thibaut Izard

BALANCE ♎

23 septembre - 22 octobre

Amour ☆☆☆
Une plainte collective contre votre ancien·ne employeur·euse vous amène à rencontrer votre âme sœur parmi les plaignant·es.

Travail ☆☆☆
Un exercice d'évacuation dans l'immeuble vous permet d'échapper à la présentation que vous aviez oublié de préparer.

Bien-être ☆
De retour de sa randonnée, votre patron·ne vous invite à son séminaire sur les bienfaits de la marche itinérante dans l'entrepreneuriat.

SAGITTAIRE ♐

23 novembre - 21 décembre

Amour ☆
Votre partenaire interrompt un rapport pour suivre sa séance de méditation.

Travail ☆☆☆
Les astres vous ont entendu : votre manager à l'hygiène défaillante est muté à l'autre bout de la France.

Bien-être ☆
La dernière rotation de Mercure vous déclenche une crise d'éco-anxiété durant un documentaire sur la fonte des glaces.

VERSEAU ♒

21 janvier - 18 février

Amour ☆
Un·e séduisant·e manifestant·e pro-palestinien·ne vous offre son keffieh…

Travail ☆
Jupiter en mouvement vous distrait : vous envoyez vos bordereaux Vinted sur l'imprimante de votre chef·fe de secteur.

Bien-être ☆
Des années après, la CAF vous réclame un trop-perçu sur vos APL d'étudiant·e.

SCORPION ♏

23 octobre - 22 novembre

Amour ☆☆
Votre match Tinder vous invite à une émission de Cyril Hanouna pour un premier rendez-vous.

Travail ☆
Un·e collègue profite de votre arrêt maladie pour subtiliser votre repose-pieds.

Bien-être ☆☆☆
Vous relancez l'ulcère de votre manager toxique après un nouvel acte d'insubordination.

CAPRICORNE ♑

22 décembre - 20 janvier

Amour ☆☆☆
Célibataire endurci·e depuis de nombreuses années, le ou la délégué·e du personnel sur lequel vous aviez des vues vous dévoile enfin ses sentiments.

Travail ☆☆
En vacances à l'étranger, votre supérieur·e vous harcèle de messages vocaux pour l'aider à traiter un dossier « urgent ». Vous prétextez une couverture réseau défaillante pour l'ignorer royalement.

Bien-être ☆☆☆
Un pot de départ vire au lynchage de l'ensemble de la direction.

POISSONS ♓

19 février - 20 mars

Amour ☆
Gêné·e de vous revoir, votre *crush* de lycée fait mine de ne pas vous reconnaître à la caisse d'un *fast food*.

Travail ☆☆
La levée de l'anonymat sur une cagnotte participative au travail révèle aux yeux de tous·tes votre radinerie.

Bien-être ☆☆☆
Vous mettez fin à votre période d'essai sans préavis et bloquez le groupe Whatsapp de la boîte pour ne pas vous justifier.

AIDEZ-NOUS À GRANDIIIIIR

***Frustration* est un média indépendant engagé qui vit grâce au soutien de ses lectrices et de ses lecteurs.**

Ce mode de financement nous donne une **indépendance totale** qui nous permet de mener à bien notre mission : **saper le discours bourgeois, visibiliser la lutte des classes en cours, et imaginer, dans la joie et la fierté, une société sans classes**, le tout sans cesser de combattre le **racisme systémique** et le **patriarcat.**

S'abonner à *Frustration* via les dons mensuels, c'est nous permettre de **monter en puissance** et de faire de mieux en mieux notre travail en nous rémunérant et en augmentant notre diffusion. C'est une véritable **cotisation** : il s'agit de **financer un média qui restera libre**, indépendant et gratuit pour toustes, et recevoir en contrepartie des chouettes cadeaux.

Pour que la force change de camp, rejoignez les soutiens de *Frustration* ! Abonnement en ligne sur frustrationmagazine.fr/abonnement

Achevé d'imprimer par l'imprimerie Jelgavas (Lettonie) en janvier 2025.
Photogravure : Photogravure Lano